法国当代
心理治疗

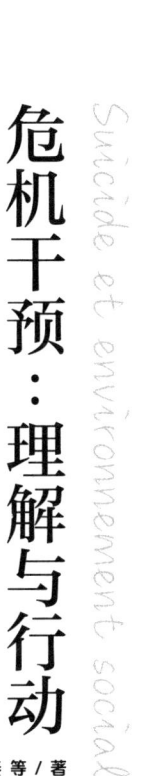

危机干预：理解与行动

Suicide et environnement social

［法］菲利普·库尔泰 等 / 著
Philippe Courtet, et al.

王丽云 / 译

上海社会科学院出版社
SHANGHAI ACADEMY OF SOCIAL SCIENCES PRESS

目 录

作者名单 / I

引　言　"涂尔干之后的 100 年"
　　米歇尔·沃尔特 / 001

第 1 章　市场学家：自杀的社会表征
　　让-弗朗索瓦·库尔泰 / 005
　　如公共卫生行动的社会市场 / 005
　　社会表征 / 006
　　自杀的社会表征 / 008
　　迈向一个行动计划的新提议 / 011

第 2 章　自杀与经济危机
　　克里斯蒂安·博德洛，罗热·埃斯塔布莱 / 013

I

第3章 经受社会和认知神经科学考验的自杀

法布里斯·若朗 / 021

自杀的社会特性 / 021

易感的主体，认知基因 / 023

不利决定的作出和自杀行为 / 024

自杀和对抛弃的敏感性 / 026

展望 / 027

第4章 从排斥到社会痛苦

埃米莉·奥里耶 / 029

社会不幸与自杀行为 / 029

对社会抛弃的感知增强和自杀易感性 / 030

社会和心理痛苦对自杀行为的作用 / 032

结论 / 034

第5章 儿时的虐待

纳德·佩鲁 / 035

定义和流行病学 / 035

虐待神经生物学 / 036

虐待和自杀 / 038

结论 / 040

第6章 环境如何改变我们的基因？

阿兰·马拉弗斯 / 043

遗传流行病学和自杀行为的分子结构 / 044

基因与环境的相互作用和自杀行为 / 046
压力、早期精神创伤和表观遗传标记 / 047
结论 / 048

第7章　自杀行为的一个发展模型？

菲利普·库尔泰,娜塔莉·弗兰克 / 051
自杀易感性是基因与环境相互作用的结果 / 052
产前产后环境对自杀易感性的作用 / 052
产前产后身体发育和自杀易感性 / 054
自杀易感性的早期环境因素：表观遗传标记 / 055
基因、5-羟色胺和脑发育 / 056
儿时的虐待对自杀易感性的影响 / 056
自杀易感性的早期标记 / 057
结论 / 059

第8章　心理社会压力能否在人格中找到回应？

伊拉里奥·布拉斯科-丰特西拉,大卫·特拉弗斯 / 061
生活事件——自杀行为的导火索 / 062
诱导性生活事件与人格之间的关系 / 064
结论 / 067

第9章　社会逆境是否在自杀企图和自杀行为中存在不同？

卢卡·热内,若尔日·洛佩·卡斯特洛曼 / 069
自杀行为是逆境形势造成的结果 / 069
环境对自杀企图和自杀的影响 / 071

　　　　　我们的实验（Giner，2011）/ 072
　　　　　结论 / 076

第 10 章　PTSD、压力和自杀行为
　　　　　伊莎贝尔·肖迪厄，弗朗索瓦·杜科洛克 / 079
　　　　　PTSD、精神创伤和自杀 / 079
　　　　　压力与自杀 / 082
　　　　　结论 / 086

第 11 章　监狱还是地狱
　　　　　马蒂约·拉康布尔 / 089
　　　　　有关这一问题的数据 / 090
　　　　　风险决定因素 / 091
　　　　　有效的行动措施 / 092
　　　　　结论 / 093

第 12 章　成瘾和自杀：危险关系
　　　　　塞巴斯蒂安·吉约姆，弗兰克·贝利维耶 / 095
　　　　　TLUS 推动自杀行为 / 095
　　　　　这一相关性存在的原因有哪些？/ 096
　　　　　哪些因素可能增加 TLUS 病人的自杀风险？/ 097
　　　　　几个预防与治疗思路 / 100

第 13 章　迁移、自杀和社会融合
　　　　　默罕穆德·塔勒布，阿伊莎·达杜 / 103

流行病方面的数据 / 104
　　自杀与迁移 / 105
　　假设 / 108
　　结论 / 110

第 14 章　自杀与宗教
　　菲利普·休格利特,奥尔法·芒德乌 / 111
　　宗教对自杀的影响 / 112
　　宗教与自杀之间关系的研究 / 114
　　特殊情况 / 114
　　结论 / 118

第 15 章　自杀与社会环境:医生,被忽视的自杀人群?
　　洛朗斯·科沙尔 / 121
　　医生自杀行为在法国和国外的多发性 / 122
　　医生的自杀方式 / 123
　　医生与精神疾病 / 124
　　职业枯竭与自杀风险 / 125
　　具有自杀风险的医生典型 / 126
　　法国对这方面的关注度普遍上升 / 127
　　缓解工作疲劳、抑郁症以及预防医生自杀的困难 / 128
　　干预与预防 / 129
　　结论 / 131

第16章 治疗

法比耶纳·西普里安,埃米莉·奥里耶,菲利普·库尔泰 / 133

对自杀风险的药物学探讨 / 133

预防自杀的有效策略 / 136

自杀学中的临床研究和改革设想 / 139

结论 / 140

第17章 组织治疗

吉约姆·维娃,万森·雅尔东,克里斯托夫·德比安,弗朗索瓦·杜科洛克 / 141

组织试图自杀者"就医" / 141

组织接待企图自杀者及其周围亲近的人 / 142

组织评估和引导 / 143

企图自杀者的住院标准 / 145

危机中心 / 146

年轻企图自杀者的治疗单位 / 147

组织中期跟踪 / 147

组织监督 / 148

第18章 远程医疗

马蒂约·加尔梅,埃马纽埃尔·阿芳 / 151

定义 / 151

益处 / 152

手段 / 153

困难 / 154
精神病远程治疗 / 155
结论 / 158

第 19 章　自杀的神经-文化决定因素
鲍里斯·西律尔尼克 / 161
冲动控制能力减退 / 162
以自我为中心的反应 / 162
敏感时期 / 164
死亡表征 / 165
自杀的力量 / 168
自杀的社会文化决定因素 / 170
用文化因素预防这些神经衰退 / 170

参考文献 / 172

作者名单

克里斯蒂安·博德洛（Christian BAUDELOT），巴黎高等师范学院社会学名誉教授。

弗兰克·贝利维耶（Frank BELLIVIER），教授，巴黎费尔南·维达尔医院成瘾医疗部门，成人精神治疗部门主任。

伊拉里奥·布拉斯科-丰特西拉（Hilario BLASCO-FONTECILLA），医学博士、Cibersam哲学博士，任职马德里维拉布拉精神健康中心精神科。

洛朗斯·科沙尔（Laurence CAUCHARD），普通医学博士，任职蒙彼利埃 ELSM。

伊莎贝尔·肖迪厄（Isabelle CHAUDIEU），传染病生物学家，在 Inserm 做研究。

让-弗朗索瓦·库尔泰（Jean-François COURTET），区域总监、全球商业高级经理。

菲利普·库尔泰（Philippe COURTET），蒙彼利埃大学精神病学教授，就职于蒙彼利埃 CHU 精神病急救和救后部门，法国生物精神病学和神经心理药物学协会会长。

法比耶纳·西普里安(Fabienne CYPRIEN),临床主任,蒙彼利埃-尼姆 CHU 医院助理。

鲍里斯·西律尔尼克(Boris CYRULNIK),神经精神病学家,土伦大学教导主任。

阿伊莎·达杜-盖尔穆斯(Aïcha DAHDOUH-GUERMOUCHE),奥兰 CHU 精神病学助教。

克里斯托夫·德比安(Christophe DEBIEN),精神病学家、住院医师,就职于安的列斯群岛-圭亚那大学,法兰西堡 CHU。

弗朗索瓦·杜科洛克(François DUCROQ),精神病学家、住院医师,里尔 CHRU 精神病科、法医科主任。

罗热·埃斯塔布莱(Roger ESTABLET),普罗旺斯大学社会学名誉教授。

娜塔利·弗兰克(Nathalie FRANC),住院医师,供职于圣-伊卢瓦 MPEA、蒙彼利埃 CHRU。

马蒂约·加尔梅(Mathieu GALMES),精神科医生,就职于朗格多克-鲁西永医学心理学地区急诊室,精神病急救和急救后部门。

卢卡·热内(Lucas GINER),副教授,就职于塞维利亚大学精神病学系。

塞巴斯蒂安·吉洛姆(Sébastien GUILLAUME),大学住院医师,就职于蒙彼利埃 CHU 急救和救后部门。

埃马纽埃尔·阿芳(Emmanuel HAFFEN),PU-PH,就职于弗朗什-孔泰大学,成人精神病学和神经科学部门。

菲利普·休格利特(Philippe HUGUELET),教师,HUG 精神病学和奥-维夫精神健康院负责人,供职日内瓦普通精神病学部门。

万森·雅尔东(Vincent JARDON)，精神病学家、住院医师，就职于法国北部里尔大学，里尔 CHRU 成人精神学部门。

法布里斯·若朗(Fabrice JOLLANT)，副教授，就职于蒙特利尔麦吉尔大学，精神病学部门和杜格拉斯精神健康学院。

马蒂约·拉康布尔(Mathieu LACAMBRE)，住院医师，就职于朗格多克-鲁西永性暴力治疗资源中心，蒙彼利埃 CHRU。

若尔日·洛佩·卡斯特洛曼(Jorge LOPEZ CASTROMAN)，住院医师，就职于蒙彼利埃大学医院中心。

阿兰·马拉弗斯(Alain MALAFOSSE)，正式医生助理，日内瓦大学医院遗传精神病学部门负责人，日内瓦大学精神病学院挂职教授。

奥尔法·芒德乌(Olfa MANDHOUJ)，住院医师，就职于勒·谢奈的安德烈·米尼奥医院。

埃米莉·奥里耶(Emilie OLIE)，临床主任、医院助理，就职于蒙彼利埃 CHU，拉佩罗尼医院急救和救后部门。

纳德·佩鲁(Nader PERROUD)，医学博士，哲学博士，正式医生助理，就职于日内瓦大学医院精神病学部门。

默罕穆德·塔勒布(Mohammed TALEB)，在弗农工作的成瘾学和精神病学主任。

大卫·特拉弗斯(David TRAVERS)，雷恩 CHU 住院医师，雷恩第一大学医学院挂职教员。

吉约姆·维娃(Guillaume VAIVA)，精神病学家、大学教授，就职于法国北部里尔大学，精神病学 DES 协调员，里尔 CHRU 成人精神病学部门负责人。

米歇尔·沃尔特(Michel WALTER),精神病学教授,布雷斯特CHRU精神学中心活动部门主任,自杀预防和科研组组长。

CPNLF感谢莫德·塞内特(Maude Sénèque)对本书出版的协助。

引　言
"涂尔干之后的 100 年"

米歇尔·沃尔特

《自杀论》(Le Suicide)是一部活生生的、意义重大的作品。100多年前,埃米尔·涂尔干(Emile Durkheim)于1897年7月出版了这部作品。说它活生生,是因为它作为涂尔干所有著作中最被传颂的一部作品,幸存于它的作者和当时出版的历史环境。事实上,在细微、有序观察的基础上,这位来自斯皮纳尔的社会学家建立了一个分析自杀现象的框架,现今,世界上所有国家的学者仍然能够研究这一现象的变化。这同样是一本具有重大意义的书,对自杀的研究使涂尔干总结他的目标,他声称这是脑力劳动,而不是道德任务:"将社会事实看成事物。"这一认识上的突破在于使社会学成为自主、独立的研究领域,也由此形成他作品的优点和缺陷。

《自杀论》结构严谨、清晰。引言详细客观地对自杀作了定义,明确指出,研究的对象不是个体行为,而是社会自杀率,并提供相关参考文献和数据来源。作品主要由三大部分构成。第一部分对四个非社会因素,即精神疾病(我们现在称之为精神病理学)、正常心理（如种族、遗传）、宇宙空间和模仿做了批判性分析，并详细地证明了它们缺少解释价值。第二部分，"社会原因和社会类型"，研究自杀率是如何随着社会因素的不同而变化的；而后，涂尔干在不同的背景下（宗教、家庭、政治、经济）分析这些变化，并根据个人融入社会和社会对个人生活的约束、规范这两个社会特点，将自杀分为三种类型：自私的、为他人的和反常的。第三部分，"论自杀作为社会的普遍现象"，提出了一些可以降低自私和反常自杀率的方法，并鼓励个人融入一些职业团体，因为这是唯一可以有效抵制精神贫乏的方法，而自杀正是精神贫乏的症状。最后，作者强烈而清醒地号召我们要继续进行临床研究：

> 只有事物的直接联系才能给科学带来缺乏的决心。一旦我们断定疾患的存在，它的组成和它所依赖的东西，我们就会知道治疗的一般特点和应在哪一点使用它，关键不在于提前制定一个预见一切的计划，而在于坚定地行动起来。

100年后，涂尔干的影响一直存在：自杀受社会状态的影响。世界统计数据确定了5个主要影响因素，但方式略微不同：宗教、家庭、经济、年龄和性别。如果说宗教今天仍然能够防止自杀，但这似乎更多依托宗教行为，而不是涂尔干所说的忏悔。从家庭方面来讲，融入模式表明，家庭经济负担者比其他人的自杀率要小（"短期保护作用"）。我们可以扩大"融入"这一概念，将其延伸到宏观经济领域。因此，当一个社会允许它的每一个成员都能在同他人的接触中建立自尊时，这个社会就是可以融入的。这也说明了自杀与失业、排斥和不稳定之间的复杂关系。如果更现实一点，年龄是另一个说明涂尔干分析恰当的例证。尽管直到20世纪60年代中叶，自杀率随着年龄的增长而增长这一现象才得到证实，并把它作为一个理所当然的事实(年老伴随着一系列风险因素的自然积累)，但自石油危机以来，自杀率在老年人中下降，在年轻人中却上升，这使得两者持平。这种代与代之间的比率颠倒也反映了社会准则的颠覆，融入社会的因素取决于社会政治经济的演变(由信仰上帝向新经济自由主义演变，这给年轻人带来了不稳定性，老年人相对可以幸免)。所以，自杀向我们表明，年龄阶层之间的关系是真正的社会关系。最后，尽管在西方社会男女地位趋于平等，但自杀率在男女之间也存在差异，这一点涂尔干证实过，当然，中国是一个例外。这一点，应该从性别结构机制中寻找答案。

说《自杀论》是一部活生生的著作并不意味着涂尔干在所有方面都是对的。1897年，加布里埃尔·塔尔德(Gabriel Tarde)对非社会因素之一——模仿的作用提出质疑。除此之外，涂尔干的方法主要受到两方面的批判：一是方法论上的；二是认识论上的，也是更重要的。方法论上的错误在于，作者根据两个学科在预测方面的相似之处，用同样的方式对待微观社会学(家庭异常)和宏观社会学(社会异常)，认为环境的变体之间存在因果关系(财富、失业、危机和自杀率)，然而，它们之间的相互关联表明，它们是同时出现的，而不是分布在一条因果关系链上。社会可以阐释自杀这一完美的个人悲剧，但自杀并不能解释社会。这一观点上的颠覆，尤其通过年龄和性别的影响表现出来，使得我们对社会关系的本质及其不同强度提出质疑。由某些社会关系的冲突本质引起的保护意识就是一个典型的例子。然而，对认识论方面的批判或许是最严厉的。由于一些历史原因，涂尔干完全应该将个人(心理学对象)和社会(社会学对象)看作两个完全不同的科学事实。很显然，个人的微观心理同宏观社会相反，它并不能解释因宗教、国家或地区，社会职业类型造成的自杀率的不同。然而，涂尔干将对心理学的不信任推至新的高度（参考第一本书的第一章：非社会因素），他希望既可以解释自杀率的不同，也可以阐释自杀这个整体，就像他作品的中心章节——关于自杀的不同形式所说的那样，这取决于自杀的形式：自私的、利他的、反常的。这一认识论，诚然是社会学的基础，却是另一种认识论的对立面，继瑞士哲学家米歇尔·科尔尼（Michel Cornu），我们可以把它叫作伦理忧虑，即当我们只依托一种知识结构时，我们会感到忧虑（从词源上理解"忧虑"的意思）。事实上，任何一种单一的知识结构（精神病学、心理学、社会学、神经科学）都无法完全解释自杀这一跨学科的现象。只有这个与涂尔干的观点相反的认识论，才能将对自杀学的思考延伸到其他方面，如社会学和认知神经科学，以及其他治疗方法，我们会在下面谈到其中几种。

第1章
市场学家：自杀的社会表征

让-弗朗索瓦·库尔泰

如公共卫生行动的社会市场

自杀的预防依托于"社会"市场。这种做法通常在英国使用，显示出它在公共卫生计划改善中的有效性(Stead,2008)。如果说"传统"市场是为了向消费者卖出一件产品或一项服务，那么社会市场则是为了"改变目标人群的行为，从而改善他们的个人状态以及社会状态"(Kotler,1971)。

为了获得这些结果，市场成果应包含在对目标人群的研究中，对环境进行分析，对一种新的行为作出定义，根据消费者/扮演者对这一产品的认识和对它的态度，我们希望新行为能够对其产生影响，从而生成或强化一种新行为：对一种新产品的购买满足个人的一种需求，而对这类需求，个人之前并无意识；如在开车之前，歌舞厅里进行酒精测试。

这一过程主要受三个变量的影响：第一个变量是价格，即对产品的投入和个人价值。以一个确切的价格（金钱或非金钱的）作为交换，消费者会同意采取一种新的行为。那么在何种程度上新行为会被采纳呢？这在很大程度上取决于消费者给予它的价值。他能够从中获得的愉悦感和满足感越强烈，他给予产品的价值就会越大。第二个变量是消费者的情感投入。个人越是感到自己与所提供的产品有关联，他越容易付诸行动。因此，市场的目的在于强化这类情感。第三个变量是可依托的消费者自身的价值属性，在必要时消费者将试图对其作出改变。

通过一些预防活动，市场以改变行为和态度为目标，通常涉及的是一些陈旧的、很难改变的行为。在自杀领域，目标人群本能上不愿改变自己的行为；他们并无这类需求。另一方面，他们认为行为或态度的改变并无大益，因为，可能产生的利益是长远的，不是立即出现的；是集体的，不是个人的；是可能的，而不是确定的。因此，为改变行为而"要付出的代价"是很大的，很难得到他们的认可。最后，这里涉及的不是依托于个人的价值，而是去改变它们，这比改变他们的行为还困难。

尽管存在这些困难，社会市场已经展现出了它的有效性。发展中国家实施的计划生育举措就是一个例子（Kotler，1996）。传统市场通常获得短期效果，因为它针对的是个人即时的、自己了解的和接受的需求，而社会市场需要改变一些根深蒂固的、民众不愿承认其有问题的行为，因此，需要等待较长的时间才能看到其效果。

社 会 表 征

社会表征这一概念来源于1897年涂尔干提出的集体呈现这一社会学概念。这一概念不断丰富，出现了几个思想流派。若德莱(Jodelet)的定义是最清楚的：

> "社会表征是一些阐释系统，它们支配着我们同世界的关系，以及与其他那些指引和组织着我们的行为和社会交际的人的关系。社会表征是一些认知现象，通过实践、经验以及行为和思考模式的内在化，确定个人的社会从属。"

根据莫斯科维奇(Moscovici,1984)，一个社会表征包括三个方面：态度，对所呈现事物的消极或积极立场；信息，对事物的全部认识；"表征场"，对事物的认知和情感。

阿布里克(Abric,1994)的研究，对这一定义作了补充，提出了社会表征的四个主要功能：知识功能、识别功能、导向功能和纠正功能。

最后，德瓦兹(Doise,1986)重点对社会表征的活性方面作了研究：社会表征，对一个团体来说，是可交流的、共通的、充满活力的，因为，它们能够在"不同的交流方式"中形成和变化。

市场也依托社会表征。理性行为理论用来解释和预测大部分社会和消费行为，根据这一理论，一个人，先有态度，再有目的，进而生成行为。市场就是试图通过理解这一逻辑链去影响个人的。三个变量影响着行为的有效性：知识、态度和目的。社会表征也会不同。如果市场从个人行为出发，那它的有效性是通过整体测定的。通过一个人的表征，我们事实上是为了看到一个集体或社会的表征。我们将对一个"事物"的态度，定义为个人对这一事物的认识、信仰、观念和情感。了解并理解人的当前态度和行为很重要。这一阶段可以让我们描述并解释人的行为，从而找出能够改变行为的举措。这种理解非常必要，因为主体行为"并不是由情况的客观特点决定的，而是由这一情况的表征"及其意义决定的。(Abric,1994)

自杀的社会表征

哲学和宗教方面

希腊和罗马的哲学家都曾关注过自杀问题。自杀是人类在面对生存困难时的自然回应。对于那些玩世不恭的人来说,"需要一个理由或绳子";对伊壁鸠鲁(Épicure)来说,"如果生活让你高兴,你就生活;如果生活让你不高兴,你就离开";对于其他人来说,这一行为代表着面对生活困难时的懦弱。

这一问题随着殉教者的出现发生了一些转折,在基督教初期,他们把生命献给上帝。圣奥古斯丁(Saint Augustin)对这一问题表示担忧,他认为,自杀并不是一种正常行为,甚至宣称,自杀是一种违背上帝的罪行。自5世纪以来,自杀被宗教封杀。

埃米尔·涂尔干也担心这一问题,他将社会演变和自杀的数量并列。他的观察使他确信,社会关系每破裂一次,自杀的数量就会增加。因此,对自杀的预防就在于呵护个人和社会!

所以,自杀既是个人也是社会因素作用的结果。自杀同自杀企图或自杀想法相区别,它具有致命性(Durkheim,1897)。根据布莱泽和凯尼格(Blazer & Koenig,1996)的观点,自杀是个人在面对生活或死亡困境时的一种回应,当痛苦变得不可忍受,以至于他决定结束自己的生命而不是继续活下去(Blazer,1996)。

因此,研究者应该既考虑到有自杀企图风险的主体的个人方面,也应考虑凌驾于病人的社会方面,涉及整个群体。因为,在现代这个争雄斗辩的世界里,每个人都可对自杀问题发表一个观点。

稍不注意,这一观点就可带来一些消极后果(模仿效应、行为接受等)。

大众的几个社会表征

首先,大众对自杀了解有限(Oordt,2009;Valente,2004;Wang,1995)。大部分人(59%受访者)不知道自杀问题的延伸面。五分之一的人不了解那些可以预示一个人有自杀风险的迹象;1/3 的人不知道应该将有自杀危险的人向何种职业方向引导(Durand,2002;Garnier,2005)。那些老年人和年轻成年人很少能够理解有关自杀的元素,如频率、原因、特点和结果(Segal,2001)。

自杀问题造成的困扰有:大部分人在谈论自杀(72%)或同处于绝境中的人(57%)在一起时会不自在(Durand,2002)。自杀通常被看作是没有能力克服生活中的问题,尤其是分离、离婚和鳏寡等的表现(Domino,1995;Lee,2007)。更不可思议的是,对一部分人来说,谈论自杀会让自己死。

一部分人接受这一现象:自杀被看作是一种令人尊敬的、合理的,有时甚至是勇敢的行为(Lee,2007)。1/4 的人将自杀看作一种勇敢的行为;五分之一的人认为自杀在某些情况下是一种可以接受的方案;1/6 的人则认为应该尊重这种个人选择,而且,在很困难的情况下,他们也可能会想到这种解决方式(Durand,2002)。老年人的自杀被社会上一部分人认为是衰老的自然结果,在很大程度上是因身体疾病造成的自主性丧失导致的。事实上,某些人倾向于采取一种被动态度,将不同的、微妙的自杀行为统归到拒绝进食或停止服用对生命延续非常必要的药物(Amyot,

1997；Blazer，1996)。李、曾、菲利普斯和克莱曼(2007)认为，晚期身体疾病、长期心理健康问题、严重的低落情绪和成为亲人的负担或无法获得支持的事实都是人变老后自杀的原因，而这些原因更容易被大众所接受(Lee，2007)。

医护人员的社会表征

同样地，医务人员也无法逃脱这一问题，他们需要增加这方面的知识。事实上，医护人员对自杀的接受性和了解程度因人而异(Rogers，2001；Werth，1994；Domino，1995；Lee，2007；Sorjonen，2004-2005)

瓦伦特和桑德斯(Valente & Saunders，2004)发现，大部分护士很难评估自杀风险，无法区分情绪低落的人和被认为是有自杀风险的人的行为(Valente，2004)。有些护士解释说，她们之所以不能够评估自杀风险，是因为她们无法确定一个人是否真的有意图结束自己的生命。

尽管自杀态度和自杀行为之间的关系并没有确定(Chambers，2005)，但我们认为，大众在这方面知识的增长只会有利于更好的治疗。事实上，在自杀领域，存在来自不同学科(社会学、社会心理学、团体或临床医学、生理学、流行病学、遗传学)的众多模式，其中，方案规划者经常引用布龙方布勒内的生态模式(Bronfenbrenner，1979)。因此，我们应该从各个方面谈论这一问题，无论是从环境方面还是从个人方面。不应只局限于问题的一个方面，应该一个接一个的涉及所有方面。

魁北克医生将自杀率上升的原因归结于当代社会的颠覆。相关因素有宗教、信仰、社会、选择和经历（Garnier，2005）。医生指出，社会破裂带来的空虚和宗教势力的丧失，成为人自杀的主要原因。

迈向一个行动计划的新提议

将社会表征的概念融入社会市场能够找准目标和行动计划。实际上，对市场非常重要的分割和定位是一个陷阱，它可能会将行动只导向自杀人群。然而，社会表征的概念本身就是基于这样的事实，就是说，整个社会塑造了这样一个我们应该去自杀的概念。这一基于无知的想法，通常会导致一些悲观和严重的行为。

问题的根源使自杀成为一个社会问题，我们应该这样对待它。

所以，一个以治疗社会灵魂为目标的计划应该是一个适应各层次人群的规模方案。对自杀的社会表征的更深入分析是必须的，但今后，许多问题都会出现，值得在社会市场行动计划中找到一个位置：

> 如何改善法国人的知识和态度，从而限制将自杀作为解决方案的接受度？
> 如何改善医护人员的这两个方面，使他们能够事先了解情况？

为了理解那些能够正常感性和有理性的人为什么没有我们应该观察到的态度，我们应该进行特定的分析。

第 2 章
自杀与经济危机

克里斯蒂安·博德洛,罗热·埃斯塔布莱

经济危机正盛行,失业增加,但自 20 世纪 80 年代中期以来,自杀发生率在法国持续下降。自杀同经济危机之间的关系并不像埃米尔·涂尔干想得那么简单。他将危机作为解释自杀与经济增长之间关系的主要理由。他既有错误之处,也有正确之处。

涂尔干将危机分为两类:萧条和繁荣危机。根据他的理论,后者导致的自杀是最多的,前者表现得更具有保护色彩。

> 经济萧条并没有我们通常赋予它的加重作用,它产生相反的效果。在爱尔兰,自杀很少发生,卡拉布里亚就不存在自杀,西班牙的自杀率则是法国的十分之一。我们甚至可以说,贫穷起保护作用。在法国不同的省份,靠自己收入生活的人越多,自杀就越多。(Durkheim,1897)

贫穷起保护作用!今天,这一说法会让人震惊。我们知道当今失业和贫穷是如何瓦解富裕国家的社会关系,尤其是在法国。但是,到今天还是很明显,那些最贫穷的国家自杀率是最低的。自杀率在这些地区如埃及、秘鲁、叙利亚、尼加拉瓜、赤道地区等很低,甚至非常低。涂尔干在他那一时期拥有的很不准确的社会统计数据不能保证他在这一点上一定正确,但至少有一点是可以确定的:在社会上流阶层,自杀在19世纪比在今天多很多。法国在19世纪所经历的经济的快速增长使行为紊乱,以至于,根据涂尔干的说法,活跃了新的、需求无止境的富裕阶层……自杀会在那些在快速增长的现代经济背景下一夜暴富或倾刻破产的人群中达到顶峰。危机会使那些已经在高处的人更容易走向破产。至少反常理论是这么说的,涂尔干的推理也以此为基础。

30年之后,莫里斯·阿尔布沃什(Maurice Halbwachs)批判涂尔干使用的指标,尤其是并不能说明金融危机的价格指标。同时,他强调,经济很难单纯地对自杀产生影响。在对德国和法国的数据进行细致推理之后,他指出,自杀和价格变动之间的关系在两个国家中并不一样。在德国,表现很明显。当价格上升,自杀就减少;当价格下降,自杀就会增加。在法国,这一趋势并不是那么明显,只符合9个研究时期中的5个。阿尔布沃什尤其批评涂尔干的分析原则,后者将危机作为唯一的解释。

> 并不是危机而是危机过后的萧条期导致了自杀的增加。失业工人的贫穷、倒闭和破产并不是直接原因,而是压抑在所有灵魂上的压迫、阴郁感,因为活动少了,经济生活超过了他们的极限,他们的参与减少,他们的注意力不再转向外面,而更多地转向自己的困境或物质上的贫乏,转向个人的所有动机,就会想到死亡。(Halbwachs,1930)

所以,根据他的理论,富人并不是唯一遭受经济危机打击而结束自己生命的人。

当今,我们拥有更丰富、更庞大、更准确的数据,证实了阿尔布沃什的诊断，但并没有完全否定涂尔干坚持的立场。

今天，当我们探索世界上所有国家中通过国内生产总值测出的富裕程度与自杀率之间的关系时，一个整体趋势很明显地表现出来。一个国家越富，自杀率就越高（Baudelot，2006）。

因此，我们或将自杀率的提高归咎到财富本身（懒散、无聊、欲望饱和等），或将其归咎到同财富相联系的一个或几个社会现实：城市化、竞争思想、个人主义膨胀、人口衰老、生育率下降等。

然而，这一说教式的观点在那些最富裕国家的统计数据面前很难站住脚。自杀率在这些国家的中心城区并不是最高的；相反，最高的却是那些最贫困的周边地区。所以，在美国，那些城市化程度最高、最富裕的地区如芝加哥、旧金山、拉斯维加斯、纽约拥有最低的自杀率，而自杀尤其在那些最贫困的、最不具有美国生活方式的州中横行。在美国，财富和自杀呈负相关。

同样，在伯明翰和曼彻斯特这两个最不受工业化影响、因肯·洛奇的电影而出名的两个城市里，自杀率是最高的。在法国，自杀率在那些最富裕的省份最低。日本的42个省也是一样的。根据我们拥有的关于自杀者的职业的数据，当今，在所有的地方，自杀在社会底层盛行。

因此，这些数据让我们面对一个矛盾：如果只看国际数据，我们就很容易得出财富对自杀的巨大影响。经济的发展，通过它直接和间接结果，导致人对生活的厌恶和同进步直接联系的道德力量引起的绝望。所以，我们就直接回到了涂尔干的解释和担忧上：自杀可能缘于传统社区保护的破坏——教区、家庭、乡村——和个人自主性的增加，个人的欲望在生活的所有领域毫无阻碍地膨胀：财富、性欲、理性思维等。但是，有关那些最富裕地区的国家数据却完全相反：在那些被发展遗弃的地区和社会阶层，自杀是最严重的。如果繁荣危机增大了自杀的风险，那么自杀本应该在"三十年黄金时期"有很大增长，然后再下降。但我们观察到的却恰好相反：在1945—1975这30年经济快速增长的时期，自杀率几乎停滞，之后，随着石油危机的到来和失业率的增加，自杀率，尤其是在年轻人中，迅速增加。在20世纪的法国，购买力的上升保护人免于自杀，它的减缓又使得自杀率上升。当今，自杀率在那些人均寿命最短的团体和地区最高。

简而言之，自杀率随着年份而总体浮动，研究经济危机和自杀之间的关系不应从这里出发。那这是不是说，这种关系不存在呢？绝对不是。为了识别它，应该进行一些更加细致的分析，并应很好地理解，21世纪的自杀形态同19世纪的截然不同。

除了将注意力放在社会阶层的自杀率上之外，三个方面的事实却指出了经济危机和自杀之间清晰的关系。首先是雇佣工人自杀率的持续上升，这一现象是由雇员工作和生活条件的恶化导致的，无论他们是在商业领域还是在办公室工作。工资的分级以及在办公领域，借助于信息技术，使用类似于工厂的方法，对工作进行控制和管理。雇员的工资越来越取决于自己的销售量，造成了工作的高强度和不稳定。企业将利益最大化，减少对雇员的花费，由此造成的所有改变。

自20世纪70年代中期的石油危机以来，年轻人和就业人士的自杀数量也明显提高。事实上，20世纪的后15年打破了一种关系，而超过150年的世界性统计数据都促使我们将这种关系看作是一个普遍现象：自杀率随年龄的增长而持续上升。自19世纪初期，在几乎所有作统计的国家，这一趋势无一例外。年轻人很少结束自己的生命,而随着年龄的增长,自杀比例持续上升。在20世纪70年代的法国,比美国还早,这存续一个半世纪的观点突然被双重变化所打破:年轻人自杀数量上升,而老年人自杀率下降。这两种现象突然出现在同一时期;它们紧密相连,应该放在一起分析。实际上,现在,老年人和年轻人之间存在一道鸿沟,它将汇聚社会权力的主体和关注自身生存的弱势主体分开。在法国,整个退休阶层以前从来没有享受到像现在这么好的物质和财政条件。所以,当在法国,因石油危机的冲击,失业率,尤其是年轻人的失业率无情地上升时,19世纪和20世纪的前3/4年的垂直上升曲线发生了变化。

危机的第三个显著影响,就是自杀发生在工作地点。在过去的五年里,"自杀潮"发生在法国许多大公司,如雷诺-基扬古尔、标致雪铁龙集团、法国电信,其中还有许多银行。在大多数情况下都是一些正值壮年的人,他们通过留给自己亲人的信件,跟他人说过的一些话语,尤其是选择工作的地方作为自杀的地点,明确将自杀的责任推在企业的管理方式上。

心理学家都很清楚,自杀的原因总是多方面的;不可能将其归咎到一个原因上,如企业人心的堕落或领导对职工的压力。自杀的人通常有好几个自杀的理由,最后一个事件只是压死骆驼的最后一根稻草罢了。相关企业的领导层多次以这一论据为由,推脱发生这些悲剧的任何责任,他们的律师会把责任归咎到职员的个人问题上。

根据涂尔干的观点,以法国电信为代表实施的新型管理方式从根本上损坏了个人融入团体的一切过程,包括团体本身也受到损坏。自从法院对几个包括总裁的领导层进行调查之后,我们当今拥有了庞大而可靠的数据，它们均说明，所实施的政策明显"恶心"到一大部分工薪阶层，从而促使他们离开。孤独、孤立、任务和评价的个体化、隐姓埋名、纠缠，再加上每隔3年就得被迫接受工作上的调动，从而破坏了其在企业或工作环境中所建立的联系。这一切都导致人与人之间严重缺少交融与关爱，无论是在企业里，还是在家庭中。每个人都自成一体，被认为是一切事件的唯一责任人。在工作单位的排斥感可以摧毁一个人。从涂尔干到瑟奇（Serge），社会联系在个人心理健康和社会生活中的重要性不止一次被确立和指出。

这一类型的自杀，是公开的，备受争议的，同那种私下的、悄无声息的普通自杀迥然不同。它让人想起涂尔干因信息缺乏，在他那个时期没有识别出的一种自杀方式。英国伦理学家布罗尼斯拉维·马林诺夫斯基（Bronislav Malinowski）在特罗布里恩德岛第一次描述这一自杀类型，并称其为报复性自杀。

一个人登上公共场所的高台上；俯瞰村庄。在跳下去之前，他（她）早已决定结束自己的生命，并解释说，某个人，某个家庭或他（她）所遭受的不公正待遇应对他（她）的死负责。简而言之，他把村庄中的一个或几个人作为自己自杀的直接责任人，他是在为自己报仇。他（她）还指出，他的鬼魂每晚都会纠缠在让他死的人及其同谋的意识里。

今天，我们可以在东方，尤其是在中国找到这一类型的自杀。乡下年轻的新娘，不得不住在丈夫的家里，婆婆虐待她们，把她们当奴隶一样使唤，她们吞下除草剂，以自杀的方式为自己报仇。一些荷兰、英国和美国记者，他们比我们的记者在伦理方面受到更好的教育，可以立刻将发生在法国电信的自杀同报复性自杀相联系。

第2章 自杀与经济危机

当个人强烈的痛苦感导致其在公共场合,甚至是在企业里自杀时,这是一种反抗社会的最高形式。从私下场合转到公共场合,赋予因个人痛苦导致的个人行为以集体、社会和政治意义。我不是模仿别人而去自杀,不是他促使我自杀的,因为我有自己自杀的理由,但这并不排除我自杀的某些理由同他人类似,他们促使我也将死亡作为一种反抗方式,单从这一点讲,这类反抗就不再是个人的,而变成了集体的。

这种自杀方式,在法国是比较新的,为应对世界上的过度竞争,某些企业对自己的员工施加强大的压力,从而间接导致员工自杀:重新整顿、解雇、过度削减劳动力、在职人员工作强度增加。

经济危机对自杀有很明显的影响。但是,这些影响并不仅仅表现为自杀率曲线和失业率曲线的齐平。自杀和失业之间的关系在法国比在德国或意大利表现得明显,但这种关系绝不是机械的。应该从自杀率的变化中寻找经济危机对失业的影响。有些阶层比其他阶层更易受到冲击,因为,危机不会影响到所有阶层。年轻人忍受危机的鞭挞,而老年人却能幸免。实际上,自20世纪80年代以来,老年人自杀率的明显下降导致了我们国家自杀率的明显下降。危机带来的影响是无可争议的,但应该具有选择性。自杀也一样。

第3章
经受社会和认知神经科学考验的自杀

法布里斯·若朗

自杀和一般的自杀行为常常是对社会压力的病态反应。在这里,"社会的"这一术语应该从它词义的个人性,而不是从它的社会学方面去理解,指人与人之间的关系、主体的自我感知和我们所生活的社会(Adolphs,2003)。在这里,我们将展开这样一个观点,神经科学主要以人同自己本身的关系以及同他人的关系为研究对象,它的很大一部分内容对于理解这些复杂的行为很有意义。

自杀的社会特性

毫无疑问,自杀行为同生活中的困难事件有很大的关系,这些事件可能是早期的,也可能是近期的。对有些人来说,它们是一些影响主体心理和谐发展的因素,使主体在面对生活琐碎时更加脆弱(Turecki,2012);对另一些人来说,它们是酿成自杀危机的因素,并将其点燃,把火吹到了那些有自杀风险的人身上(Mann,

2003）。令人不可思议的是，这些事件具备一个社会特性，这里的社会概念就是我们上面描述的。

作为证明，一项最新研究分析了自杀"最可能的"动机，这些动机是通过心理剖析得出的（Foster，2011）。这项研究表明，自杀同生活中不止一件事件相联系，这些事件发生在自杀者付诸行动之前（尤其是一些年轻人，那些患有人格障碍或酗酒的人）。在这些生活事件中，人际冲突造成的自杀风险最大。之后，林林总总还有人际关系破裂、法律事件、失业、职业或金钱问题、丧葬、家庭暴力。三种类型的事件的社会特性（尽管）并不明显：受伤、身体疾病和在老年人家中居住问题。

很有意思的是，尽管这些因素可能带有文化内涵或在各地的发生率也不一样，但它们看起来非常普遍。因此，我们已经指出，在菲律宾印第安人的一个部落中，军事冲突占第一位，随后是丧葬、遗弃、债务和身体疾病（Jollant et al.，in prep.）。此外，这些事件在历史上都能找到，从古代到中世纪（Hooff，1990；Minois，1995）。尽管有这样或那样的时代特点（例如：因预期一场战争会失败而自杀），但值得注意的是，自杀及其动机穿越时间和空间。这就表明，自杀是人类演变的一种方式，而不是世界和现代社会的产物。

关于早期因素，我们应该注意到的是，大部分自杀者早期并没有经历过不好的事情。但仍有 10%—40%的人有过这方面的经历。在那些童年的不幸中，性侵和身体侵害与今后的自杀行为之间存在最紧密的联系（Bruffaerts，2010）。此外，当这些侵害发生在家里而且是家人所为时，受害者的自杀风险最大（Brezo，2008b）。在这里，早期经历对主体自杀倾向的强化作用也同样显示出社会因素在这其中的重要作用。

最后，自杀和自杀行为并不只是近期或早期社会事件的结果，它们本身向他人传递了一个信息。医疗人员都承认，自杀企图具有鼓动作用，它使实施者的家人和朋友跑到自己的床前，而实施者却无法说出自己的困难。另一个例子就是同工作有关的自杀。澳大利亚的一项研究表明，7%同工作有关的自杀都发生在工作地点（Routley，2012）。很明显，这是为了向雇主或公司传递某些信号。

易感的主体，认知基因

自杀首先触及那些最易感的人。在临床方面，这一易感性表现为众多的精神疾病，从抑郁到精神分裂，伴随着酗酒和物质滥用（Hawton，2009）。我们已经指出，当一个人萎靡低沉、应该就医时，这个曾出现自杀企图的人，借助于一个简单的类比（参照报告的其他地方）（Oliem，2010），表现出比没有过自杀企图的人更强烈的心理痛苦。此外，自杀的人患人格障碍的概率更大。尤其是反社会和边缘型人格障碍，具有冲动-攻击的特点和绝望的倾向（McGirr，2009）。遗传因素也牵扯在内，我们已经很好地指出了这一点（Brent，2005），并在报告的其他地方对其进行讨论。最后，几年之前的第一次自杀企图，暴露出以后更大的自杀风险。

因此，整个数据都在说明，复杂的易感性使得相关主体在面对生活中的某些不幸时会萌生自杀的念头并付诸行动。理解这一易感性，就是去理解那些机制，是它们使得自杀超出了简单的解释，也可以使我们有一天更好地预见自杀。

一些结果偏向某个"神经认知易感性"，这一点并不让人感到诧异（Jollant，2011）。实际上，这只不过是从另一个层面、借助不同的工具探索同一个现象而已。认知探索类似于临床评估，它的优势在于可以使用神经心理学、脑功能图、心理生理学等方面的客观测试（Jollant，2011）。它同分子、生物化学以及细胞等因素存在联系，这些因素控制大脑的活动，从微观层面上讲，它们是心理运行的基础。此外，早期生活事件在认知功能发展中扮演非常重要的角色（Gould，2012），认知过程具有必然的遗传性，例如自杀者之间的亲属关系（McGirr，2013）。

在这篇短小的文章中回顾所有的自杀结果是不可能的（为获取清晰的资料，访问以下网址：http://www.bdsuicide.disten.com/），所以，在接下来的章节中，我们筛选了一些主要的结果作介绍。

不利决定的作出和自杀行为

近几年来，最具说服力的结果之一就是，与没有过自杀企图的病人和健康目击者相比，有过自杀企图的病人会作出不利的决定（Jollant，2005）。借助于爱荷华赌博任务，在一段时期的探索之后，我们认为，自杀者往往做出风险最大的选择，也就是那些能够使他们即时获得最大的利益、但带来长期的最大损失的选择，他们忽视那些能够带来即时的最少的好处、但长期有利的选择。

这一结果在不同的人群（Jollant，2010；Malloy-Diniz，2009；Martino，2010）中得到证实，从青少年直到老年人（Bridge，2012；Clark，2011）。应该注意的是，最初的研究是针对一些测试期间并不抑郁的人，这就强调了一种可能性，这一认知缺陷更多地是同易感性有关，而不仅仅是由抑郁带来的强烈刺激。另一项正在进行的分析表明，这类决定是自杀易感性的一个特定因素，往往表现在那些遭受情感困扰的病人身上，即那些有更高自杀风险的人（因为他们自己以前的自杀行为），但并不是所有的病人（Richard-Devantoy et al.，in prep.）。

决定的作出同社会经验紧密相连。例如，巴尔-翁（Bar-on，2003）曾指出，那些腹内侧前额叶皮层损坏的病人既无法作出恰当的决定，也表现出大脑运行和社会智力的退化。我们发现，在自杀的人身上，决定失误和其与他人之间在情感方面的问题数量相关联（Jollant，2007a）。因此，他们作出的决定越不利，那他们在过去12个月中与伴侣或家人的问题就越多。尽管这涉及一项人与人之间关系的研究，但这些结果都表明，某些认知缺陷如风险决定的作出，与边缘型（Bazanis，2002）和反社会型（Mitchell，2002）人格障碍，尤其是情感易感性（Jollant，2007）有关，它会导致生活中不愿看到的事情发生。因此，认知易感性可能通过一些不利的选择直接带来生存问题。

生物和认知神经机制导致自杀者作出更多不利的决定，但这些机制并没有被很好地理解，成为许多研究团体的探索对象（例如Dombrovski，2010）。作决定牵涉到一个复杂的认知功能，牵涉到众多解剖因素（Rangel，2008）。此外，某些自杀者并没有在决定的作出上表现出异常，所以，如果决定上存在异常，也不排除可能与不同系统的紊乱有关，如已经指出的成瘾症（Bechara，2002）。

借助于核磁共振成像（l'Imagerie par Résonnance Margnétique，IRM），我们看到自杀者同其他病人相比，在作风险决定和一个可靠决定时，左侧眶额皮层活动减少（Jollant，2010）。这一区域的活动性在风险选择和可靠选择之间的梯度越大,主体的表现就越好(Lawrence,2009)。实际上,自杀者看起来无法正确认识风险,这导致他们在作选择时,非常迷茫,如同近视眼的人没有戴眼镜一样。这一结果同贝沙拉(Bechara)和达马西奥(Damasio)提出的躯体标记模型是一致的(Bechara,2000),他们假设,暗示的信号是随着学习而发展的,它们使主体能够在一些复杂的、不确定的情况中进行自我指导。而在自杀人群中,由于他们眶额皮层活动性的缺乏,他们无法从经验中学习,就可能会作出有风险的决定,这些病人无法获得指示信号。

这样,我们可能就想,尽管自杀的人无法识别风险,但他们或许可以尝试通过一个合理的推算,去明确地理解所发生的,然后再根据这一知识去指导自己的选择。但事实并不是这样的。在此之前的研究表明,一方面,病人并不像正常人那样能够很好地理解一个复杂的情况,另一方面,那些理解力正常的病人同样会作出一些不利的决定(Jollant et al., *submitted*)。我们可以这样设想,为了使用那个明确的知识,从"我知道"到"我做",仅仅一个陈述式的、冰冷的知识是不够的,应该去"相信"。这样就赋予知识一个价值,一个要经过眶额皮层的过程。值得注意的是,通过对自杀者的尸体进行解剖,我们发现,自杀者存在某些生理异常,尤其表现在眶额皮层 5-羟色胺系统上(Mann,2000),这表明,眶额皮层在主体的自杀行为中扮演重要角色。

自杀和对抛弃的敏感性

就像之前我们看到的,社会抛弃是自杀的一个传统原因。这

第3章 经受社会和认知神经科学考验的自杀

一猜测可以从自杀者对这一现象的极度敏感中得到证实。我们通过磁共振成像可以看到,当自杀者脸上表现出愤怒时(高兴时不是这样的),与其他病人相比,右侧眶额皮层更活跃(Jollant,2008)。这一脑部区域的活动性与之前的社会排斥感有关(Eisenberger,2003)。

如之前所谈论的那样,眶额皮层被列入到价值赋予的过程中(Rangel,2008),尤其是在行动结果和价值的连接机制中。这一区域的最旁侧记录了一系列性质截然不同的"惩罚",比如,当丢钱或没有获得预料中的报酬时(Grabenhorst,2011)。从更具社会性的这一层面来讲,眶额皮层在那些自杀的恰当条件如感到遗憾(Chua,2009)或想到被自己爱的人抛弃时(Fisher,2006)扮演一个重要角色。

诚然,这个被多次提到的区域,并不是测定自杀易感性的唯一因素(Jollant,2011)。其他如中前额皮层、前扣带回皮层和背侧前额皮层也扮演非常重要的角色。

展　　望

自杀是一种罕见、广泛、陈旧和复杂的行为。它同我们的社会本质紧密相连。所以,对自杀的研究重点在于理解有自杀风险的人的认知机制,这些机制影响他们对社会环境和同他人相互作用的感知。这对自杀的预防是有必要的,对认识人类也很有益处。

我们粗略地谈论了决定的作出和主体对被抛弃的敏感性。除此之外,其他过程的研究表明,一般来说,有自杀风险的人对社会环境极其敏感,环境对他们产生部分上的消极影响。情感上的反应越强烈,越深刻,控制它的难度越大,心理上经受巨大痛苦和绝望的可能性就越大,最终导致轻生念头,某些人就会不由自主地付诸行动(Jollant,2011)。对大量精神和行为现象,我们还仅仅处在理解的初级阶段。

还有很多领域需要开辟。除了已经提到的这些之外,我们还能举出大量的神经认知基础:心理痛苦(van Heeringen,2010)、自我感知(Lemogne,2011)、羞辱感(Torres,2010)、绝望(van Heeringen,2010)、服从社会准则(Spitzer,2007),还有意志和企图(Lau,2004)或抑制(Richard-Devantoy,2012)。只有仔细分析自杀者及其亲属的认知、情感和社会机制,我们才能更好地揭示这些悲剧行为。

第4章
从排斥到社会痛苦

埃米莉·奥里耶

世界卫生组织预计,从现在到 2020 年,全世界 150 万人将死于自杀。既然超过 90% 的轻生者在自杀时曾患有精神障碍,那预防策略首先应基于治疗手段。然而,这样的数字难道不说明自杀问题已超过了医学领域而成为社会问题吗?

社会不幸与自杀行为

对埃米尔·涂尔干来说,从社会层面比从个人层面解释自杀行为更好。根据这一设定,斯图克勒及其合作者记录了 26 个欧洲国家随失业率的增加而显著增长的自杀死亡率;失业是测试一个国家社会经济形势很好的指标(Stuckler,2009)。

从个人层面来说,转入到自杀行为的过程通常被某个社会心理压力加快。一项芬兰研究显示,在自杀的前 3 个月,80% 的自杀者都曾面临一些消极的生活事件:感情破裂、职业和家庭困难、疾病(Heikkinen,1994)。这些压力使个人的社会地位受到威胁。这就减少了个人的社会投入可能性，就是说一个人对他人的社会价值（我带来的）和社会责任（我花费的）比例（Allen，2003）。因此，主体就会受到被排斥的威胁，对被抛弃信号变得异常敏感。然而，人是社会动物，被自己团体接受的需要是生存的必需。当他受到被排斥的威胁时，他就会调整自己的行为以增加社会接受度，从而有利于他的重新融入。一般来说，他的行为会符合团体的要求。但是，他也会表现出一些不一样的或具有自我攻击性的行为（Williams，2007）。这就会让人想到，自杀举动有一个传达社会信息的功能：吸引周围人的注意力，留给亲人的小纸条，自杀地点的寓意等。

维持一个高质量的社会关系是人感到舒适的首要条件。此外，一个高质量的社会支持是防止自杀的一个因素。多项研究都表明，重新接触那些有严重自杀倾向的人可以将自杀复发周期减为一年（Carter，2005；Vaiva，2006）。这一做法不是为了找出那些有自杀风险的人，也不是为了设立危机警示牌，再次接触通过电话或明信片，这些手段都是实实在在的。宗教是另一个预防自杀的手段（Dervic，2004）。除了用道德谴责防止自杀之外，它还使人有一种归属感。

然而，这些压力因素并不足以解释自杀行为。为了对这些行为有一个更好地理解，临床上提出了一个压力/易感性模式。现今认为，只有那些具有自杀易感性的压力主体，才会有自杀行为（Courtet，2011）。

对社会抛弃的感知增强和自杀易感性

易感性可从不同层面去研究：临床上、神经心理学上、神经解剖学上或生物化学上。

在临床上,儿时所遭受的虐待与成年后的自杀企图有很大的关系(Lopez-Castroman,2012)。那些儿童时期就有被抛弃感的主体会形成一种不被社会渴求的感觉。他们更加被孤立,即使有自杀念头也不会立即寻求帮助,绝望感不断增强,自杀风险长期存在(Ehnvall,2008)。然而,那些多次遭到排斥的主体会感到被置于事件之外。此外,多次遭到排斥的状态会造成敌对行为,从而激化了社会排斥(Williams,2007)。因此,社会层面就介入到了虐待频率和自杀企图的关系中,因为,它受攻击者身份的支配;那些遭到亲属虐待的儿童具有很高的自杀风险(Brezo,2008b)。

作决定属于执行功能,在于做出一些选择,尤其是在一些不确定的情况下。爱荷华赌博任务(Iowa Gambling Task, IGT)测出的主体在作决定方面的异常同自杀易感性有关(Jollant,2007b; Jollant,2005)。IGT是一种卡片游戏,在于从四个盒子中选出一些关系到输钱还是赢钱的卡片。游戏的目的在于尽可能地多赚钱。两个盒子从长远来看是不利的:赢利很高,因此很有吸引力,但输得更多。其余两个盒子是有利的:赢利甚微,但输的也很少。那些有情感障碍和自杀企图的个体,其测试结果同那些有情感障碍但无自杀行为、无精神病史的对照组相比,存在不同。在测试过程中,不同于对照组,自杀者不会避免那些不利的盒子,继续选择这些可以带来即时巨额报酬但具有长期破坏性的盒子(Jollant, 2005)。这一反应模型可以让人想起那些被抛弃的动物面对食物时做出的选择行为。这些动物倾向于选择一些营养很少、但非常美味的食物,而不是那些有营养,虽不美味但有利于它们长期生存的食物。所以,社会排斥改变了个人自我调节的能力,抑制了那些动力资源，而这些资源对避免冲动行为和获得长期利益是很有必要的(Williams，2007)。最后，作出决定的质量同人际交往，尤其是情感方面的困难呈负相关(Jollant，2007b)。

从神经解剖学方面来说，决定的作出依托于眶额皮层。同那些情绪正常、有抑郁障碍史但无自杀行为的人相比，当自杀者表现出愤怒时，这一脑区域会异常活跃(Jollant，2008)。然而，愤怒发出的是不赞同和拒绝的信号。所以，就算自杀者不处在抑郁状态，他们也会对环境中的这类信号非常敏感。电脑投球游戏是一项直观测试，用来识别社会排斥的神经基础。电脑屏幕上显示出两个人和测试对象的一个胳膊。测试对象被要求将球传给这两个人。几个回合下来（融入阶段），在游戏还在进行的时候，这两个虚拟的人将测试对象排斥在游戏之外，而后者并没有被告知（排斥阶段）(Williams，2006)。艾森伯格及其合作者表示，同融入阶段相比，前额皮层和大脑背侧扣带回皮层在排斥阶段异常活跃。此外，社会排斥感也同扣带回的激活有关(Eisenberger，2003)。值得注意的是，这些区域在自杀易感性中也有所涉及(Jollant，2010)。当向社会排斥者发出一些支持信息（鼓励和激励减少社会绝望）时，前额皮层的活动强度会有所缓和(Onoda，2009)。

最新一项报告显示，同对照组相比，那些有自杀史的人的血液以及催产素含量会减少(Jokinen，2012)。然而，催产素是一种神经肽，它有助于产生母性依赖感，影响社会关系的调节。

社会和心理痛苦对自杀行为的作用

当人被排斥时，他就会感到痛苦。痛苦是一种面对环境中那些潜在攻击性因子的保护机制,对生存很重要。同样地,痛苦也是人在面对某些威胁如排斥、分离和丧失时的一种保护机制(Williams,2007)。社会痛苦可定义为由于个人社会关系或社会价值(抛弃、排斥、丧失)受到实际或潜在的损害而带来的消极经历(Eisenberger,2012)。社会痛苦可以被认为是心理痛苦的子类型,它与"融入群体"这一基本需要受到威胁有关。

身体痛苦和社会排斥不仅属于同一词场,还有着共同的神经生物路径(Eisenberger,2012):类吗啡肽、脑区域(扣带回皮层和前脑岛)。

美国精神医学协会(APA)最近发表了一些对有自杀风险病人评估的建议。心理痛苦的忍耐力是评估自杀风险的一部分(Jacobs,2006)。事实上,心理剖析和对自杀者遗留纸条的分析通常证明他们对某一心理痛苦的无法忍受,"生活太艰苦,无法承受"(Valente,1994)。

对施耐德曼来说,自杀过程分为几个阶段,而心理痛苦或"心痛"作为消极情感(绝望、害怕、羞愧、令人失望的爱情、孤独……)(Shneidman,1993)自省式的经历,是这一过程的核心部分。在脆弱因素的影响下,伴随着抛弃感的社会或心理压力被认为是痛苦的。所以,死被认为是结束这一心理痛苦的唯一方式(Shneidman,1998)。心理痛苦的强度同不依托于抑郁的自杀念头(Lester,2000;Olie,2010;van Heeringen,2010)以及自杀企图(Holden,2001;Mills,2005;Orbach,2003)相关。它可预知自杀企图,却无法预知自杀念头(Troister,2009)。奥利耶及其合作者指出,有高度心理痛苦的人在那些有过自杀企图、心情抑郁的病人中的比例远比无自杀行为的抑郁者中要高(Olie,2010)。而且,心理痛苦的强度同频率以及自杀念头的强度有关。米及其合作者发现心理痛苦同自杀率具有相关性（Mee，2011）。心理痛苦应该同自杀举动的目的性相关，而不是同自杀的严重性有关（Holden，2001；Levi，2008）。

神经图像研究数据也显示出自杀过程涉及心理上的痛苦这一假设。万·西林根同他的合作者通过单光子计算机断层成像术发现，同那些心理痛苦小的人相比，心理痛苦大的抑郁病人，其脑背侧前额皮层及前侧脑回的充血量会上升（van Heeringen，2010）。基于磁共振图像，瑞奇及其合作者对与自杀行为有关的心理痛苦的神经解剖学基础作了研究。他们表示，痛苦同不活跃的中前额皮层有关（Reisch，2010）。然而，前额皮层同情绪调节和自杀易感性有关。

结　　论

如果心理社会压力对自杀行为有很明显的作用，那么极有可能的是，对源于这些压力的痛苦不断增加的敏感性同自杀易感性相关。对心理痛苦的评估这一方面还应继续努力。此外，对痛苦感知的研究，尤其是那些同社会状况有关的痛苦，还需要更多地投入，从而有利于提出针对自杀行为的、新的治疗策略。

第5章
儿时的虐待

纳德·佩鲁

儿时的虐待导致同自杀行为紧密相关的疾病,如双相障碍或情绪多变的边缘型人格障碍等的出现。所以,很自然就会使人想到,那些童年时的消极事件如性虐、虐待和身体上或情感上的忽视都会导致青少年或成年时期自杀行为的产生。然而,关于这一问题的研究相对稀少,只能部分回答这些主要问题:儿时的虐待是否是自杀行为的一个决定因素?它是否独立于同自杀行为相关的一些精神疾病?借助于临床或神经生物媒介,它是否会促使自杀行为的出现?在此基础上,我们将在这一章中简单总结一些关于儿时的虐待与自杀行为之间关系的知识。

定义和流行病学

关于儿时虐待的定义有很多,最被承认的是世界卫生组织(l'Organisation Mondiale de la Santé, OMS)作出的定义。1999年,当世界卫生组织决定对儿童虐待采取预防措施的时候,以下定义实际上就已经被提议：

"儿童虐待指一切形式的身体上和/或情感上的虐待，包括性虐待、忽视或不管不问、商业剥削或其他，对孩子的健康、生存、发展或在责任、信任或能力方面的尊严造成实在的或潜在的伤害。"（OMS,1999）

根据世界卫生组织关于流行病学方面的数据，男孩通常是身体虐待的受害者，而女孩更有可能遭到性虐待，尤其是在青春期或青少年时期。在西方国家，大部分对儿童的暴力是家庭的某个成员或某个亲近的人实施的，男性（父亲、祖父、教父、邻居和其他人）实施性侵，女性（通常是母亲）则进行其他形式的虐待。

根据世界卫生组织，儿童虐待是公共卫生的一大挑战，它无论对身体还是情感都造成长期的严重后果。这些虐待无论对社会还是对经济的消极影响是巨大的，但却常常被政客和医护人员所忽视。最近一项针对3.4万名普通大众的美国研究显示，30%的人在童年的时候曾遭受虐待或忽视；10%的人有过性虐待的遭遇（Afifi,2011）。所以，童年时的受虐无论从频率还是广泛性上都不应被忽视，它对受虐儿童发展的长期影响应该促使所有医护人员去研究，从而预防这样的行为（Levitan,2003）。

虐待神经生物学

大量的研究表明，无论是人类还是动物，一些早期的压力能够改变神经回路发展的几个阶段，对神经细胞的塑造过程产生长期影响（Lupien,2009）。此外，受压者大脑的发展时期在这些早期的压力对脑功能和脑发展产生的影响中扮演一个主要角色（Lupien,

2009)。对人类图像的研究显示,海马这一积极参与认知活动的结构,对早期的压力尤其敏感。这样,那些在生活中经历过不幸事件的人,比那些没有经历此类事件的人,海马脑回更小,在这一结构中的神经元也更少(Woon,2010)。许多其他结构也同样受到这些压力和儿时虐待的影响,如胼胝体的中部或前扣带回皮层。神经递质系统也同样受到那些重复出现的压力的影响。面对这些重复出现的压力,5-羟色胺系统看起来非常脆弱,表现为羟色胺储量的减少(Matsumoto,2005)。因此,这些由儿时的虐待和压力造成的脑异常就可以解释自杀行为中涉及的某些脑区域的功能障碍了。事实上,一些研究涉及了许多不同的领域,比如一些自杀行为的过渡方面如决定的作出或冲动性(Jollant,2005)。这些研究不断发现来自如前额皮层(眶额)和一些底下皮层区域(杏仁核)等特定脑区的证据。

下丘脑-垂体-肾上腺轴

那些儿时遭到虐待的人,其下丘脑-垂体-肾上腺轴(hypothalmo-hypophysaire-surrénalien,HHS)存在严重异常,而这一部分是回应压力的主轴线。HHS这一轴体的异常也表现在一些同自杀行为紧密联系的疾病中,如抑郁、创伤后应激障碍或双相障碍。针对这一问题,一些遗传学研究已经对几个对HHS这一轴体的调节起重要作用的基因进行了探索并指出,这些基因的变化与儿时所受虐待相互作用,从而提高了自杀的风险(Ben-Efraim,2011)。

现今已确立,那些产前或产后压力长期影响HHS这一轴体。在动物身上,这一轴体的扰乱长时间改变了它们的行为,使其在面对日后成年时期的压力时变得更加担忧、烦躁（Heim，2001；Lupien，2009）。这些在动物身上所做的研究在人身上也得到证实：儿时的虐待导致了HHS这一轴体的持续异常活跃（McGowan，2010）。所以，我们可以得出这样的假设：儿时的压力，尤其以性虐或其他虐待为代表，持续扰乱HHS这一轴体，造成这一轴体的异常活跃。在脑发育的关键时期，这一轴体的异常活跃导致糖皮质激素过量，这就能够解释自杀行为表现为神经解剖上的功能障碍。实际上，对动物的研究表明，糖皮质激素会毒害神经，对人当然也不例外（De Bellis，1999b）。

HHS这一轴体的长期紊乱，我们可以毫不费力地在动物或人类的成年时期得到证实，这显然是早期压力作用在基因表达调节机制上的结果，这一机制被统称为表观遗传机制。实际上，现在数项研究都显示，儿时的虐待长期甲基化（基因的化学变化）基因的启动区域，而这一区域是糖皮质激素受体（*NR3C1*）（McGowan，2009；Perroud，2011）。这一区域甲基化程度越高，它对糖皮质激素的接收量就越小，HHS这一轴体就越活跃。从这里得到的假设就是：这一轴体越活跃，对脑的伤害就越大，成年后得心理疾病的风险就越大。因此，儿时的虐待越严重，基因*NR3C1*的甲基化程度就越大，边缘型人格障碍就越严重（Perroud，2011）。很明显，这对其他精神障碍和自杀风险也同样适用。

虐待和自杀

所以，儿时的虐待对脑部发育和个人对外部世界的适应机制产生重大影响。情绪控制困难，冲动倾向，因儿时的受虐经历造成的脑损伤进而导致决定作出困难,这些都将会促使成年时期精神障碍的出现,其中最常见的就是情绪障碍和情绪多变的、边缘型人格障碍。这些儿时的精神创伤不仅说明了成年时期更高频率的精神障碍,而且还指出它们的严重性,从而解释了为什么更倾向于出现自杀行为。自杀行为实际上是某一个精神障碍严重性的表现。因此,根据一些研究,那些曾经遭受过性虐待的抑郁病人比那些没有此类经历的人更有可能发病,忍受长期或重复出现的抑郁场景(Bifulco,2002)。这些儿时的虐待同样也在双相障碍中体现出来,并加大了其严重性。40%—60%的患有双相障碍的人童年时曾受到过严重的身体或性虐待(Goldberg,2005)。因此,一项最新的、针对118位患有躁狂症的病人的研究显示,大约80%的病人在童年时曾在生活中遭受过苦闷的事件;24.9%的人在儿时曾有过严重的身体或性虐待经历(Conus,2010)。而且,那些同时遭受过不同性质虐待的病人也并不罕见,包括身体上和性上的。儿时受到的虐待似乎是一个很大的风险因素,它导致双相障碍一些更严重的形式:开始早,治疗更加频繁,司法问题更多,患病之前身体运转状况差,认知能力差,更多的精神疾病,更严重的抑郁和躁狂,躁狂频率更高,周期短,自杀风险也更大(Garno,2005;Leverich,2002)。因此,这些数据显示,早期压力使得一些情绪障碍过早产生,临床表现也更严重,变化也更漫长。

被认为主要是由于儿时的虐待导致的精神障碍是边缘型人格障碍。这就使得某些学者将儿时的虐待作为这一障碍在成年时发展不可或缺的条件。因此,在一项针对101位边缘型人格障碍患者的最新研究中,只有五个人没有在童年时遭受虐待(Perroud,2011)。一种虐待形式的存在,尤其是它的严重性同边缘型人格障碍和自杀行为的严重性直接联系在了一起。令人惊讶的是,在这项研究和其他类似的研究中,性虐待看起来并不是成年时精神障碍严重性的最关键因素,而是忽视或情感虐待(De Bellis,1999b;Perroud,2011)。这些数据证实了巴特曼(Bateman)和福纳吉(Fonagy)的假设,他们认为,儿童周围的人对其情感忽视,而且周围的人也无法教给孩子情感的养成并将其精神化,从而直接导致了他们精神上的匮乏,造成了边缘型障碍的严重性以及自杀企图(Bateman,2010)。此外,儿时的虐待可能催生冲动性或愤怒,边缘型人格和双相障碍都有这两个特点,抑郁障碍可能也会有这两个特点(Braquehais,2010)。冲动性实际上已经被认为是儿时虐待的一个可能后果,它也可能是虐待对 5-羟色胺系统影响的结果(Maniglio,2011)。5-羟色胺系统的紊乱通过增加冲动性和攻击性加速导致自杀行为(Maniglio,2011)。这一点被数项研究证实,那些曾经有过自杀行为的人有较少的 5-羟色胺代谢物(Asberg,981)。

结　　论

以上数据促使我们证实了这一猜想:儿时的虐待是自杀行为的一个风险因素,或是直接因素,或是通过中介或通过增加精神疾病的严重性。然而,我们无法知道,比如性虐待是一个增加自杀风险的独立因素还是非独立因素。很明显,在这里,缺乏对这一领域的研究。一项最新的、关于儿时虐待和自杀风险的研究显示,那些在儿时受到虐待的人更有可能产生自杀行为,但是,这并不是一个特定的因素,它通过增加精神障碍的严重性和/或一些中介而增大自杀风险(Maniglio,2011)。在那些为建立自杀行为和儿时虐待之间的联系而遇到的困难中,我们强调这一事实,对自杀这种情况而言,很难将遗传因素和环境因素分开。那些频繁发生虐待事件的家庭,也是自杀行为和精神障碍频繁的家庭。环境和遗传易感性同时起作用。所以,很难形成一个因果关系。很显然,在这一领域中,日后的研究是很有必要的,这可以减少偏差,如由于之前对儿时虐待的疑问造成的偏差。我们在期待这类研究的同时,应该牢记,儿时的虐待,无论是直接地还是间接地,都必然是一个自杀行为的风险因素。

第 6 章
环境如何改变我们的基因？

阿兰·马拉弗斯

　　精神创伤和心理社会因素在自杀行为易感性中的重要性在本书的若干章节中都有详细论述。对这些因素的研究在一个多世纪以前就已经开始。相反，自杀学近来才开始研究基因对这一易感性的影响。诚然，对发生在某些家庭的自杀或自杀企图的观察已是老生常谈，很长时间以来，都让人认为遗传同自杀是有关系的。然而，直到近几十年的遗传流行病学研究才使今天的人承认自杀行为中遗传易感性的存在。最初，主要是由于一些实践的原因，遗传分子研究为了识别这一易感性的生物基础，通过统计数据，发现可能涉及的一些基因，人们不恰当地称这些基因为"候选基因"。这些研究以及研究成果经常受到批判。尽管如此，它们也给我们带来了一个不争的事实：这些基因通过调整对环境因素的回应，同自杀易感性产生联系。所以，自杀学中的遗传研究主要是为了更好地理解环境和基因是如何相互作用的，不仅是从数据统计的角度，而且还应理解其生物机制，后者被认为是同表观遗传调节有关。自杀学中基因研究的不同阶段在本章的前几节中作了总结，最后一节提到了一些最新的表观遗传研究以及它们展开的角度。

遗传流行病学和自杀行为的分子结构

对家庭自杀行为的描述存在好几种,但是最好的分析是由珍妮丝·埃格兰(Janice Egeland)实现的(Egeland,1985)。这位心理学家将她职业生涯的大部分用于研究宾夕法尼亚州的旧制阿米什人(Old Order Amish,OOA)。尤其是,她鉴定了所有的家庭,从他们17世纪移居到欧洲,一直到19世纪80年代初,在这些家庭中,存在一些情绪障碍。借助于OOA非常详细的记录,埃格兰发现,所有那些在1880—1980年被找到的自杀者都只是局限在家族中4个人之内,并且有严重的情绪障碍,通常是双相障碍。并不是所有有情绪障碍的家庭中都存在自杀行为,对于这一点,一些学者认为自杀行为中存在其他特定的易感性。

几个依托更大样本、有关家庭方面的研究已经公布。那些最引人注目的是基于北欧国家的记录。例如,这方面的第一项研究(Qin,2002),依据个人和家族的精神疾病史加以调节,得出自杀者亲属的自杀风险是2.6;最新的一项研究,同样是依据个人和家族的精神疾病史加以调节,发现自杀风险同遗传上的亲缘程度有关:亲兄妹是3.1(兄弟和姐妹,50%的基因组是相同的),表兄妹是1.7(25%的基因组是相同的)。

这种家族情况部分上是由于遗传因素导致的,就像近几年众多的、对双胞胎的研究所得出的结论一样。下面的表格就总结了这些研究。

第 6 章　环境如何改变我们的基因？

对双胞胎的研究也可以计算遗传率，用来估测某个疾病的遗传构成比例。严重的自杀行为的遗传率可达55%。

表 6.1

研　　究	双胞胎的自杀契合率(%)		p
	单　卵	双　卵	
Haberland et coll. (1967)	14/51(17.6)	0/98(0)	<0.001
Juel-Nielsen et coll. (1970)	4/14(21.1)	0/58(0)	<0.003
Zarir et coll. (1981)	1/1(100)		
Roy et coll. (1991)	7/62(11.3)	2/114(1)	<0.01
Roy et coll. (1995)	10/26(38.5)	0/9(0)	<0.04
Roy et Segal(2011)	4/13(30.7)	0/15(0)	<0.04
Combined	40/172(23)	2/294(0.7)	$<10^{-5}$

为了研究遗传易感性，人们对遗传变异的探索开始于1990年年底，研究5-羟色胺系统里的主要蛋白质的编码基因。这些基因之所以被叫作候选基因，是因为它们在调节5-羟色胺的递送中扮演重要角色，其中，数项研究都表明试图自杀者和自杀者在这一功能上的异常。研究的第一个基因是为5-羟色胺的主合成酶编码的色氨酸羟化酶（TPH）。这样，我们就证明了它在双相病人自杀风险（Bellivier,1998）以及之后独立于相关情绪障碍的暴力自杀行为易感性中的作用（Abbar,2001）。之后，将出现两类基因，它们为两种形式的TPH编码。最初探索出的那个基因现在被叫作TPH1。尽管这一称呼未得到公认，但它是众多自杀行为相关研究的对象，数个相关的分析都证实，它对暴力自杀行为的易感性起作用，作用虽微小但很明显（Bellivier,1998；Clayden,2012）。

除TPH1之外，另一个曾经被最为广泛研究的基因是5-羟色胺转运体(5-HTT)基因。数项分析也证明了它对自杀行为易感性微小但明显的影响。这些研究以及自杀学中对其他三十多个基因的研究都被发表于数本杂志中(例如：Brezo,2008a)。

基因与环境的相互作用和自杀行为

尽管遗传流行病研究的结果暗示了基因和环境在自杀行为易感性中的相互作用,但直到2003年,卡斯皮的文章(Caspi, 2003)才将这一相互作用首次公诸于世。25年前,新西兰启动了一项达尼丁多学科健康与发展研究(Dunedin Multidisciplinary Health and Development Study),它涉及1 037人,检测从他们出生时开始,每两年跟踪一次,一直到21岁,然后,在他们25岁的时候再检测一次。根据这项研究,相关人员得出,5-HTT启动区域的多态性可调整发生在21岁至25岁之间生活压力事件(des évènements devie stressants,EVS)对主体的影响。不管这五年中发生多少压力事件,那些携带这一多态等位基因两个复制本的人产生抑郁和自杀企图或观念的可能性并不会增加。同样地,如果没有这类事件,可能性也没有被这一多态性明显改变。只有4个以上压力事件和5-HTT启动区域多态性短等位基因的两个复制本相结合,才会明显地增大可能性。那些最令人信服的相关分析早已证实了这一结果。

自此,20多个有关候选基因与EVS或儿时精神创伤之间相关作用的研究已经在自杀学领域中发表。这类研究太少了,而且这些研究测试的群体和基因也比较少。所以,我们缺少对基因组广泛的、系统的研究,英语中把它叫作"基因环境广泛研究"(Gene

Environment Wide Studies, GEWIS)。

压力、早期精神创伤和表观遗传标记

儿时遭受的身体虐待或性虐待以及情感上的忽视是成年时患心理疾病的主要风险因素(McEwen,2003;Mullen,1996)。生物机制能够缓解这类精神创伤,为了理解这些机制,下丘脑-垂体-肾上腺轴体(HHS)的异常活跃在动物和人身上都被研究过。糖皮质激素的产生及其对不同目标群体的作用是影响群体应对压力的主要因素。这一轴体通过糖皮质激素的自动调节使得这一系统能够重新找回平衡状态。研究表明,压力的反复或暴露在过多压力下会长期打破这一平衡,造成系统的过分活跃或萎靡(De Bellis,1999a;Heim,2000)。糖皮质激素长期过高会对大脑的发育造成损害,尤其是对那些调节情感的区域(De Bellis,1999b)。

一系列先是针对老鼠而后又针对人的最新研究,表明用于调节 HHS 轴体的主要蛋白质,其编码基因的启动区域的甲基化是产生这些有害影响的一个重要阶段。表观遗传的一个传统定义就是在基因功能无法用核苷酸序列的改变来解释的情况下,研究基因功能可遗传的有丝分裂和/或减数分裂的改变(Graff,2011)。几个表观遗传调节机制现已被承认:核苷酸的化学变化,包括甲基化、羟基甲基化和 ARN 的干扰;组蛋白的改变和核小体的再塑造(Graff,2011)。这些探索表观遗传调节机制对一些早期压力回应的研究,主要涉及对候选基因启动区域甲基化的研究。

考虑到 HHS 轴体所起的重要作用以及糖皮层激素对受体的自动调节,受体成为首要研究对象。在一系列的研究中,迈克尔·

米尼（Michael Meaney）团队发现幼鼠同自己亲生母亲的过早分离导致糖皮层激素受体基因列 1_7 的启动区域甲基化（NR3C1）的增加，这与此类基因表达的减少和这些受体数量无限减少有关（Weaver，2004；Weaver，2007）。这一团体又对童年时有性虐史或没有此类经历的自杀者以及目击者的下丘脑中基因 NR3C1 同一区域的甲基化程度进行了探索（McGowan，2009）。甲基化程度在对照组和无性虐史的自杀者中是一样的，而在有性虐史的自杀者身上增强。我们发现，在那些遭受不同程度虐待和忽视的边缘型障碍女患者的血细胞中，甲基化程度也增强（Perroud，2011）。更有意思的是，这一增强同受虐和忽视程度呈正相关（Perroud，2011）。

这些研究并没有指出基因 NR3C1 甲基化程度的增加同自杀行为风险的增大以及自杀行为的严重性有关。这表明，其他基因或表观遗传调节机制可增加那些受虐者的自杀风险（参考本书 N. Perroud 的文章）。

在这一点上，两种思路尤其值得注意：对那些影响大脑发育的基因的探索和小 ARN 尤其是微型 ARN 的调节机制。从传统意义上讲，后者并不属于表观遗传机制，但其在控制遗传表达中发挥的主要作用使它成为理解环境因素作用的主要因子。

结　　论

表观遗传调节机制是指那些主要分子机制，用于理解环境如何影响我们的基因，尤其是理解我们的经历如何以一种独特的方式塑造我们的神经网络以及这些网络对新形势的反应。

第 6 章 环境如何改变我们的基因？

我们在这方面的研究才刚刚开始,大量问题和批评就纷至而来,怀疑是否能够真正理解它们。主要的问题和批评有：这些表观遗传调节机制被认为是某些大脑区域的特定功能,它们对这些大脑区域的发育所产生的后果和那些精神疾病仅仅是由不同区域基因组和组蛋白的微小多变造成的。对血细胞中基因 NR3C1 启动区域甲基化增加的多次观察表明,事实并不是这样的。

第7章
自杀行为的一个发展模型？

菲利普·库尔泰，娜塔莉·弗兰克

自杀是公共卫生的一个主要问题；它远不仅仅只是一个像加缪所认为的那样的哲学问题，首先，它属于精神疾病。对自杀研究的一个特点就是涉及不同领域，它的源头是社会学，或更近一些，分子遗传学。在最后的这十年中，精神病学尤其对早期和产前产后经历带来的长远后果的研究感兴趣。很长时间以来，我们都知道，早期环境对个人的长期发展会产生重要影响。当代科学的发展使我们能够阐释相关机制。精神分裂从产前产后期开始，从突发的事件中找到病源，这使得我们可以做出一些神经发展方面的猜测（Gourion，2004）。

理解产前产后环境对自杀易感性的影响是主要的，同时还应考虑到大脑在整个青少年时期慢慢成熟。自杀行为中存在一种神经发展模型，我们希望在这里总结这方面的知识。

自杀易感性是基因与环境相互作用的结果

经过几十年的研究,自杀行为将最终获得一个官方认证,因为DSM5应该会提出一个评估自杀风险的特定工具,而且"自杀行为"(conduite suicidaire,CS)障碍也会被列入到"研究类型"中。实际上,自杀行为符合疾病标准(Robin,1970),这可以使其成为精神疾病领域中的一个独立临床实体(Leboyer,2005;Oquendo,2008)。基于一个启发性模式"易感性-压力"的研究,我们认为,自杀者具有一个特定的易感性,他们患有某一种精神疾病或他们在生活中经历一些不幸的事件(Courtet,2010)。临床上,自杀易感性基于个人和家族的自杀史,一些人格特点如攻击冲动、绝望和神经症;在生物学上,它涉及5-羟色胺中央系统的紊乱和下丘脑-垂体-肾上腺轴体的异常活跃;在认知和情感层面,源自额眶和大脑背侧皮层紊乱而造成的多种异常(Jollant,2011);从病原学上讲,自杀易感性源于遗传因素和早期环境因素如童年时的虐待的相互作用。这些不同的点在这本书的不同章节中有详细讲解。

产前产后环境对自杀易感性的作用

出生季节和自杀易感性

不同的团队报告了"出生季节"对自杀的影响。乔塔伊(Chotai)及其合作者对1 000多名自杀者作了研究,发现出生在二月到四月的人自杀方式会更暴力。在南半球做的研究证实,南半球春天出生的有自杀企图和自杀的人,其自杀易感性就更大(Rock,2006)。英国一项针对2.5万名自杀者的研究指出,春末出生的人自杀风险更大(Salib,2006);在匈牙利作的一项规模更大的研究(每650万人中有8万自杀者)显示,出生在春天和夏天的人有自杀风险,出生在1月比出生在7月份的人,自杀风险高14%(Dome,2010)。这一"出生季节"的影响被认为与相关精神疾病无关。

就像对于精神分裂症状一样,传染性方面的猜测是主要的:传染性因子对尚处于发育阶段的大脑的攻击性,同一个特定的遗传基地相互作用,可能会导致某个障碍的易感性。那些敏感时期有可能对这些障碍来说是不一样的(因此,对精神分裂症来说,风险大的出生季节与自杀行为的是不一样的)。另一个猜想则是5-羟色胺的新陈代谢会随着季节的变化而不同:冲动性和大脑-脊髓中5-HIAA含量下降也会随着季节的变化而变化(Chotai,2006)。昼夜节律也应被考虑在内。健康新生儿的褪黑激素率和昼夜节律随出生季节的变化而变化,夜晚这个时间段与冲动性有关(Chotai,2005)。一些学者提出了一些概念和遗传猜想。实际上,根据排卵期的不同,异常遗传的风险看起来也会不一样。事实上,季节的变化,比如夏至,伴随着反促性腺作用和一个遭受过减丝分裂异常的成熟卵子,可能会导致褪黑激素率的改变。从这一点上讲,我们可以得出,那些出生在风险时期(春天)的人更有可能会携带5-羟色胺传运体s等位基因,后者与自杀易感性有关(Gonda,2012)。因此,遗传机制可能会受怀孕季节等环境因素影响。

产前产后身体发育和自杀易感性

数项研究都曾提到早期发育异常,从而建立产前产后因素与自杀风险之间的关系。因此,一项针对 70 万名出生在 1973—1980 年的瑞典人的研究,对他们进行跟踪观察一直到 1999 年,这项研究显示,某些产前产后因素与今后的自杀行为有明显的关系(Mittendorfer-Rutz,2004)。在这一群体中,如果出生时身体短小(小于 47 厘米),兄弟姊妹多(从第 4 个孩子开始),母亲的社会文化水平低,母亲过于年轻(19 岁以下)的话,出现自杀企图的风险就会增加,而自杀风险同出生体重太轻(低于 2 500 克)以及母亲年龄太小有关。

另一项研究针对 100 多万名出生在 1969—1986 年的苏格兰人,通过相应的死亡记录对其进行跟踪观察,一直到 2003 年,这一研究再一次证实了上述结果,认为自杀风险同出生时体重偏低(低于 2 500 克)、多兄弟姊妹(从第二个孩子开始)、母亲年龄低于 24 岁以及父母的肄业有明显的相关性(Riordan,2006)。最后,产后发育成长状况也是影响因素之一:在 1.5 万名在 1911—1930 年出生在英国某个地区病人中,在与出生体重无关的情况下,同时控制新生儿的交际水平和饮食方式,如果出生后的第一年体重增长很少,自杀风险就会增加(Barker,1995)。这些不同的研究将众多模糊因素考虑在内,并认为早期发育对之后的自杀易感性有影响(Barker,1995)。

自杀易感性的早期环境因素：表观遗传标记

那些允许早期经历改变大脑发育从而决定韧度或易感性的机制包括一些表观遗传因素。这些改变造成相关基因表达的抑制或活跃。自2004年起，研究者在动物身上发现了数个基因，随着早期环境的变化，其表观遗传特征（尤其是糖皮质激素受体、BDNF、抗利尿激素精氨酸、CRH）也会发生相应改变（Turecki，2012）。同样地，一些表观遗传特征的改变也体现在自杀行为或儿时的虐待中，发生在自杀者的脑区域和试图自杀者的脑周围区域：TrkB，BDNF，5-羟色胺传运体、糖皮质激素受体（Turecki，2012）。值得注意的是，大部分的研究都致力于探索，人出生后的早期环境对表观遗传调节机制的影响。然而，还应当指出的是，出现在怀孕期间那些更早的压力也会造成表观遗传机制的改变。这样，早期出现的不利环境通过改变HPA轴体的表观遗传调节机制和其他回应压力的系统，影响了情感、认知和行为上的稳定发展，提高了自杀行为的风险系数。某些对啮齿动物的研究数据强调表观遗传机制改变的时间性和"敏感时期"。"关键时期"这一概念是很重要的；老鼠怀孕初期是一个基因组表观遗传特征改变的时期，同时造成HPA轴体发育的长期改变。此外，压力类型也起作用：因此，一个微小的压力可同韧度相联系，而一个严重或长期的压力就可能会导致发展的易感性。

基因、5-羟色胺和脑发育

基因在自杀易感性中的作用需要精确。那么,5-羟色胺传运体 s 等位基因增大自杀风险这一事实是什么意思呢?这一点很棘手,因为这一变体必定携带 5-羟色胺的成分,而 5-羟色胺在抵抗抑郁方面起作用,可预防重复自杀行为……所以,应该看一下,遗传多态性是否能够通过它对大脑发育的作用产生一些结果。诺克·乌特(Knock Out)对老鼠的研究指出了这一可能性,基因突变会造成很大的改变,其中就包括脑发育的同态调节结果(Lesch, 2006)。最近提出了某个基因型对自杀易感性的间接影响。这样,5-羟色胺及其受体在产前发育中的过早出现和 SNC 形态形成过程中产生的多种影响表明,5-羟色胺在它变成神经递质之前,就已经开始影响哺乳动物大脑的发育和成熟了。此外,它还指出,婴儿 5-羟色胺主要来源于母体。诺克·乌特针对小鼠的研究并不涉及 TPH1 基因(色氨酸羟化酶 1),研究指出,母鼠的 5-羟色胺能够控制在 5-羟色胺神经元出现之前的发展阶段中的形态形成过程,而且,5-羟色胺对幼鼠的正常发育至关重要。更有意思的是,胚胎的表型更多地依赖母体的基因型 TPH1,而不是胚胎自己的(Cote, 2007)。

此外,一些直接影响大脑发育的基因同样对自杀易感性起作用。例如 BDNF 或 CDH10/CDH9(Perroud, 2008)。

儿时的虐待对自杀易感性的影响

童年时期所受的虐待,尤其是性虐待,是自杀行为的一个主要风险因素。可以用不同的假设来解释这一联系,但是,在这里,我们还是将观察结果同神经发展模式相对照。

我们已经指出,早期相互作用的扰乱可能会导致一些生物和神经解剖方面的改变,这些扰乱包括5-羟色胺系统,就如对动物的研究所指出的那样:那些一出生就同母亲分开并与同龄个体生活在一起的灵长类表现出较强的冲动性和攻击性,在生物层面上的表现就是脑内5-HIAA含量的持续下降,直到成年时期(Higley,1991)。在这些猴子身上,TPH1基因的一个多态性位点与冲动攻击行为、酒精消耗量和群体隔离度的增加存在相关性(Mann,1997)。其他涉及的机制有:早期虐待可能导致下丘脑-垂体轴的紊乱,就像那些针对受虐成年人和目击者的研究所证明的那样(Bradley,2008)。同样,神经解剖方面的变化在那些儿时虐待受害者和边缘型障碍患者身上也可观察到,与此同时,透过磁共振成像,我们可以看到,海马容量减小(Driessen,2000),暗示着一些早期和持久的改变。米尼(M. Meaney)团队的最新文章再一次证实这一假设,指出,糖皮质激素基因受体的甲基化程度在有性虐史的自杀者的海马中增加(McGowan,2009)。

自杀易感性的早期标记

冲动性、攻击性和5-羟色胺

对群体的预测研究显示,如果童年期的攻击和冲动行为一直持续到成年期,那么这些行为就预示着高风险的自杀举动(Pihlakoski,2006)。所以,卡斯皮及其合作者(Caspi,1996)就得出了3岁时的行为同21岁时的自杀行为之间的相关性。那些"控制缺失"的3岁孩童在成年时患反社会人格障碍的概率很大,而那些被描述为"受抑制"的3岁孩童在21岁的时候患抑郁症的概率更大。在这两个组中,自杀风险都很大。

在生物学层面,与自杀易感性有关的5-羟色胺异常在青少年身上也可以被观察到(Tyano,2006)。尽管这方面的相关生物数据比较少,但都指向同一个方向(Clarke,1999)。冲动-攻击特点和5-羟色胺功能(Oxenstierna,1986)提供了足够的证据,用来说明心理生物异常在某些人的身上出现得非常早,而这些异常或许应该出现得更晚一些或者成为自我攻击或攻击他人行为易感性的一部分。所以,不足为奇的是,即使遗传流行病和分子遗传研究在成年人身上并不是很多,但可以从孩子和青少年身上获得同类性质的数据(Zalsman,2012)。

企图自杀者在成长过程中受到伤害的神经心理学标记

一项针对100万人的瑞典研究发现,低智商与日后的自杀风险之间具有明显的相关性(Gunnell,2005)。那些模糊的因素如父母的社会经济水平或某个相关精神疾病的存在都被考虑在内。智力是早期大脑发育的反应,这一研究中观察到的智力缺陷可能是早期大脑发育异常的结果,这就可以同自杀行为风险联系在一起。因此,神经发育上的损害会影响到认知发展和独立于相关精神疾病的自杀易感性。

此外,决定作出的异常可构成由儿时的性虐待与基因型CRH-R1双重作用导致的自杀易感性的认知特点(Guillaume,2013)。一些最新数据显示,决定作出的异常可能会出现在青少年时期(Oldershaw,2009)。

因此,我们可以推测,某些认知异常受遗传因素和早期、甚至是产前环境因素的影响,会过早地出现在大脑发育时期。现今,我们没有数据可以准确定位认知异常的确立时期。是在生存过程中过早地确立,还是取决于后期大脑成熟过程中的一些现象,就像那些出现在青少年时期的突触修剪(pruning)现象一样,我们对此尚无定论。

结　　论

现有数据表明,产前事件通过改变那些为神经营养因素和压力调节系统中的蛋白质编码的基因的表达,造成稳定表观遗传机制的改变,从而增大自杀风险。而后,这些表观遗传机制的改变会造成一些神经生物后果,如下丘脑-垂体轴的过度活跃,后者也可与以焦虑和/或攻击性或冲动性为特点的情感或行为特定表型的发展相联系。此外,在发育过程中所造成的某个伤害也会导致认知易感性,如无法作出决定等。

这一模式把重点放在早期上,无论对动物还是对人来说,这一时期都是一个敏感时期,在这一时期,那些消极的经历就会造成一些长期的后果。然而,自杀行为的发展模式并不是说存在一个异常,它将神经系统"固定"在一个让人自杀的状态。这里只是涉及一个概念,我们完全可以推测,后期的一些环境因素可以缓解早期攻击行为的有害影响。这一对自杀易感性的理解可以更好地预防和更早地发现那些有自杀风险的人,从而提出新的治疗策略。

这些最新研究可以使我们识别自杀行为的心理生物特征和内表型。可以非常肯定的是，这些发现可以使我们提出一些治疗目标和新的、有效的"抗自杀"治疗手段，可以为临床医师提供一些能有效确定特定个体所存在的自杀风险的生物学标记(Courtet，2011)。

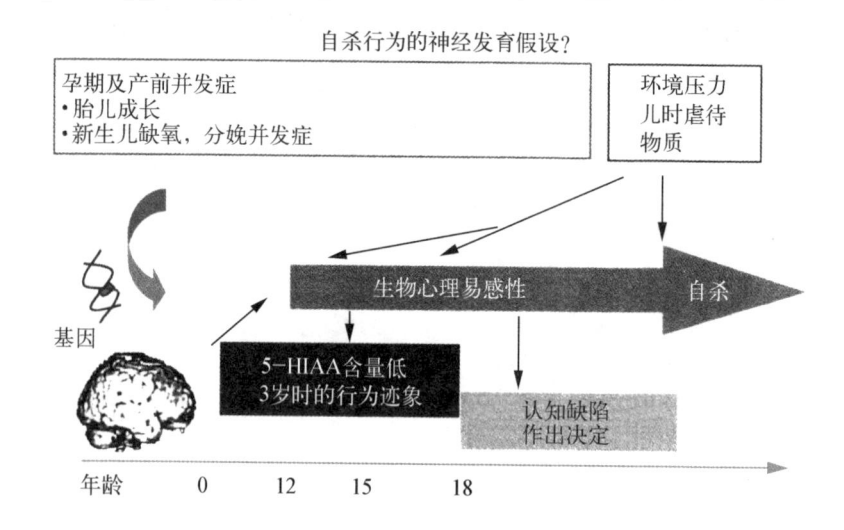

自杀行为的神经发育假设？

孕期及产前并发症
·胎儿成长
·新生儿缺氧，分娩并发症

环境压力
儿时虐待
物质

基因

生物心理易感性 → 自杀

5-HIAA含量低
3岁时的行为迹象

认知缺陷
作出决定

年龄　0　　12　15　　18

第8章
心理社会压力能否在人格中找到回应?

伊拉里奥·布拉斯科-丰特西拉,大卫·特拉弗斯

> 我是我和我的处境。
>
> ——奥尔特加·伊·加塞特

为什么某些人会有自杀行为? 答案可以用《大众的反抗》(*La révolte des masses*)的作者上述的一句名言来概括。自杀决定,是自杀者所遭受的众多限制导致的被动选择,它部分取决于早期事件,如儿时受到的虐待,这些事件表面上看起来与自杀背景相去甚远。有时,自杀行为看起来更像是由企图自杀者或他们的亲人在临床上报告的相关事件造成的。然而,如果定义的话,每个进程和故事的结果都是不同的,自杀易感性看起来仅存在于某些特定的个体身上。那么,我们能否由此阐明包含某些自杀易感性因素的人格障碍和导致自杀行为的现代生活事件尤其是心理社会压力之间的相互作用呢? 涂尔干的社会自杀理论同当代这些相互作用模型是否相容呢? 这一章试图通过对理论的综述回顾和一些对比回答这些问题。

生活事件——自杀行为的导火索

每个人都有情感上或身体上的忍耐度,超过这个限度,生活就会变得无法忍受(Gold,1987)。自杀企图通常源于一些主观上无法控制的生活事件。根据压力-素质模型,这些生活事件(状态因素)只有在遇到某个脆弱因素或素质(特点因素)时才会导致自杀行为。这些依据诊断类型划分的生活事件类型并不是偶然的,比如,同健康问题相比,人际交往问题更有可能出现在嗜酒者的自杀行为之前(Duberstein,1993;Marttunen,1994;Murphy,1967;Rich,1988)。

在大部分自杀企图和自杀行为发生之前,主体都会经历一些生活事件(Blaauw,2002;Cavanagh,1999;De Vanna,1990)如资金问题、人际冲突、身体疾病(Kolves,2010;Kolves,2006)。这些事件或"压力"因素与造成身体疾病的事件并不一样。马德里团队最近使用了霍尔姆斯-拉赫社会再适应量表(Social Readjustment Rating Scale, SRRS),来评估哪些生活事件最易造成自杀行为(Holmes,1967)。这一量表,最初是用来评估生活压力事件与易患病性之间关系的。它显示,尽管配偶的死亡(妻子或丈夫的死)被 SRRS 认为是最易导致抑郁的事件,但并不是导致自杀最直接的事件。与自杀行为联系最紧密的事件是夫妻之间的频繁冲突(与妻子或丈夫争吵次数的变化)、身体上的损害(个人受伤)和分离(夫妻之间的分离)。此外,某些事件尤其表现在男人或女人身上,例如对女人来说,配偶的死并不构成她们自杀的因素,而它却是导致男人自杀的第四大重要事件(Blasco-Fontecilla,2012a)。

这一团队在另一项研究中证实了这些结果,他们使用了一个符合这一问题的算法—拉森算法，选出那些最贴切的条目，用来评估自杀风险(Blasco-Fontecilla，2012b)。研究显示，不同生活事件如夫妻之间冲突次数的增加、分离、个人习惯的改变(个人习惯修正)是导致自杀的最贴切事件，还包括一些人格特点如冲动性和攻击性。

所有这些结果可以将涂尔干(Durkheim，1897)的自杀社会学理论与现在的理论(Blasco-Fontecilla，2009b；Blasco-Fontecilla，2012c；de Catanzaro，1984)联系起来。在强调社会和夫妻压力在自杀行为中的重要性的同时，也与涂尔干的**自私式自杀**概念相呼应。根据他的观点，当某个主体不能够完全地或恰当地融入某一社会团体，导致他的社会关系非常少的时候，这一类型的自杀行为就会出现。在考虑到自杀风险和身体伤害之间的相关性的同时，第二项研究针对的是**利他式自杀**的概念。当个体与某一社会团体相等同，他打算为这一团体做出牺牲的时候，这一自杀行为就会出现。因此，一个老年人或一个病人，就可能会选择自杀，因为，他认为，自己成为所属团体的一个负担。这一类型的解释，符合进化理论框架(Blasco-Fontecilla，2009b；Blasco-Fontecilla，2012c)。近来，学者们还提出了一项假设，他们认为，自杀具有传染性，这一观点深刻地反映在进化论中(Tanaka，2011)。这一理论的倡导者认为，在那些患有某一种传染病的人的身上表现出来的自杀，是一种适应机制，因为，这一行为是为了抑制传染病传播的风险。那些生病的老年人，成为约计有200个成员的社会团体的负担，他们的死，是为了适应某些情况。这可以为那些更年轻的人，释放一些资源。这些死，增加了与自杀者有着遗传关系的家族其他人员生存的可能性(de Catanzaro，1981)。历史上因纽特人在饥荒时期对这种"利他式自杀"作了记录(de Catanzaro，1981)。此外，当那些精神健康的个体认为自己成为亲人负担时,他们更有可能产生一些自杀想法(de Catanzaro,1984)。那些患有严重抑郁症的老年人认为自己的自杀行为是为自己亲人做出的一种牺牲(Preti,2007)。

诱导性生活事件与人格之间的关系

近年来,人们对自杀的研究主要集中在不同生物因素上,尤其是冲动性和 5-羟色胺(Mann,1999a;Mann,2009;Mann,2006)。尽管如此,人格特点和心理社会压力在统计上比任何一个已发现的生物因素都要重要(Baca-Garcia,2007)。这一点值得强调,因为人格特点的稳定性使人更有可能在生活中碰到一些压力事件(Keller,2007),而后者会很大程度上提高人的自杀风险。最近,魁北克团队利用生活记事簿去追踪自杀者的生命轨迹(Seguin,2007)。已识别出两条路径:一是由于早期事件,使得他们对未来的攻击的防御意识低;二是由于他们对压力的过激反应。

关于人格特点与自杀行为之间的关系,冲动性和攻击性在这一压力-素质模型中处于核心(Mann,1996b)。最近的一些研究表明,其他一些特点或许能更贴切地描述企图自杀的人(Blasco-Fontecilla,2012b;Blasco-Fontecilla,2010;Delgado-Gomez,2011),包括空虚感("我经常感到内心是空虚的")、难过("我经常感到生活失去了乐趣和愉悦")和依赖感("我担心独处,不得不自己照顾自己")(Blasco-Fontecilla,2012b)。这些结果表明,那些无法适应这些问题的人就有可能产生自杀企图。这三个特点可以被认为是"自私式自杀"的易感性因素,因为所有人都证实,一个有这三个特点的人完全无法融入他的社会团体中。

关于生活事件对人格障碍患者的自杀行为的加速作用的专著凤毛麟角(Heikkinen,1997b;Yen,2005)。生活事件与人格之间相互作用(Kendler,2003),一个影响另一个,反之亦然。据统计,与没有人格疾患的人相比(Fergusson,1987;Poulton,1992),那些患有此类病症的人会遭遇更多的生活事件(Seivewright,2000)。一项研究对患有人格障碍的自杀者与无此类障碍、同自杀者同龄的群体作了对比(Heikkinen,1997b)。前者的生活事件更频繁,尤其是家庭冲突、职业困难、失业、金钱上的问题和死亡。研究者由此得出结论,这些生活事件可以从自杀者自己的行为中得到解释。此外,这一研究团队还指出,患有人格障碍的自杀者更有可能是单身,独自生活在郊区(Heikkinen,1997a)。因此,人格障碍会限制那些控制紧张人际关系的必要资源,或可能导致一些强烈的恳求,这会加速自杀行为的到来。

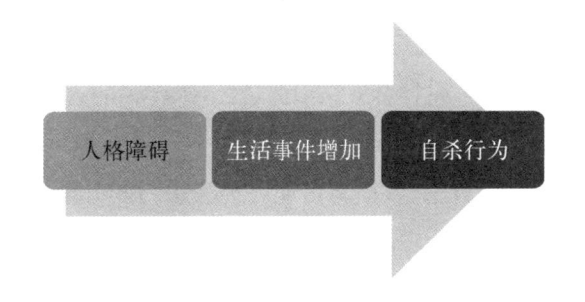

人格障碍 → 生活事件增加 → 自杀行为

在自杀行为中,一系列特定的生活事件可以与一些特定的人格障碍联系在一起,这一点很少被研究。而马德里团队的一些数据就显示出出现在自杀企图之前的某个特定的事件,但后者并不足以导致自杀行为:精神分裂型或偏执型人格同社会活动的改变,反社会型人格与配偶的丧失,自恋型人格与就业、个人、金钱或健康问题,依赖型人格与职业或性上的困难(Blasco-Fontecilla,2010)。

研究发现,患有偏执型和分裂型人格、企图自杀的人,与"社会活动的一些改变"有明显的联系。这一结果可以与"自私式自杀"相呼应。我们知道,这两个人格障碍是精神分裂障碍易感性的表现(Kendler,1995)。社会压力可以增强大脑中多巴胺的分泌,从而可能导致精神病。

对于企图自杀者的反社会型人格,马德里研究团队指出,这通常与监禁、未成年时对法律的触犯以及配偶的死有关(Blasco-Fontecilla,2010)。企图自杀率在这类人群中占11%—17%(Cantor-Graae, 2005a; Fergusson, 1987; Frances, 1986; Garvey, 1980; Heikkinen, 1997a; Heikkinen, 1997b; Kelly, 2000; Kendler, 2003; Kendler, 1995; Pompili, 2004; Poulton, 1992; Robins, 1966; Seivewright,2000;Woodruff,1971;Yen,2005)。监禁或未成年时对法律的触犯是反社会型人格无法符合准则的典型表现。这类生活事件和人格的特定局面可以阐释"自私式自杀"。

从定义上讲,人是社会人。因此,在寻求伴侣的过程中,男人的社会地位是女人选择的一般因素(Buss,1994)。所以,不足为奇,与女人相比,男人在自杀时,很有可能已经失去与其社会地位相称的工作(Saad,2007)。反之,女人的自杀行为受经济因素的影响较小(Neumayer,2003)。尤其是以等级关系为特点的(Blasco-Fontecilla,2009a)自恋型人格障碍更有可能受到经济问题的影响。实际上,自恋型人格障碍曾经与辞退、夫妻之间冲突的增加、身体上的伤害、抵押或贷款冻结有关(Blasco-Fontecilla,2010)。辞退在这类自杀行为中的加速作用还受抑郁症的影响(当前情境)。这里有一个**自私式自杀**的例子,那些抑郁的自恋者会认为,没有多少理由可以继续活

第8章 心理社会压力能否在人格中找到回应？

下去了。但是，无论是否抑郁，那些自恋者的自杀率都很高（Ronningstam，1998）。事实上，当那些不抑郁的自恋者处在情感危机时，为了实现自我调谐，他们就可能会产生自杀倾向（Kernberg，1984a；Robins，1966）。从心理疾病的层面上来说，自杀行为可能是在回应自恋式伤口时，情感溢出的结果（Kernberg，1984b），主体可以从报复中得到缓解（Rothstein，1980）。所有这些事例涉及的都是那些没有足够融入社会团体的人。这些结果的另一种解释是涂尔干所描述的"反常自杀"，因为，自恋者在经济动荡时期更有可能会自杀。

对依赖型人格来说，主体在自杀之前通常都有性或职业上的问题（Blasco-Fontecilla，2010）。这些生活事件与人际关系的中止或丧失有关，而人际关系在正常时期能够满足这些主体对情感依赖的需要（Bornstein，1992）。所以，在面临职业、社会或性上的困难时，依赖型人格者的自杀企图是一种引起注意和关怀的方式。毫无疑问，这些生活事件与依赖型人格的相关性受抑郁症状的影响（Blasco-Fontecilla，2010），它们之间的联系是很频繁的（Overholser，1996）。有趣的是，抑郁症讨价还价模型（bargaining model of depression）认为，抑郁状态是一种在冲突情况下，将社会代价强加在团体身上的手段（Hagen，2003）。换而言之，自杀企图可能是一个警示和解决冲突或获得社会团体关怀的方式（Bornstein，1992；Stengel，1962）。这也可以被认为是涂尔干的"自私式自杀"。

结　　论

在自杀行为的压力-易感性模型框架中，某些人格特点被认为是潜在的脆弱表现(素质),换句话说,它们是一些标记。一些生活事件是自杀行为的诱因,当它们碰到主体深层次的脆弱点时,心理社会压力可以在人格中很明显地找到回应,那些能够导致自杀行为的生活事件看似与那些特定的人格特点相对应,这些特点或多或少独立于轴Ⅰ中的障碍。所阐述的这些相互作用,可以使我们回想起涂尔干提出的某些模型,并且从日常的临床医学中找到对应。所以,自杀行为来自面对"时刻"(压力、有利状态)的"我"(素质、易感性、特点因素)。此外,若兹·奥尔特加·伊·加塞特(José Ortega y Gasset)对这一公式进行了很好的总结,就像在本章开头提到的那样:"我是我和我的处境"。

第9章
社会逆境是否在自杀企图和自杀行为中存在不同？

卢卡·热内，若尔日·洛佩·卡斯特洛曼

自杀行为是逆境形势造成的结果

自杀行为是一个由多种因素相互作用所决定的、复杂、全面的健康问题。精神疾病是自杀风险的主要因素之一，在90%的自杀者（Suicide aboutis，SA）和80%的企图自杀者（Tentetives de suicide，TS）中都有所体现（Nock，2010）。然而，精神障碍并不足以解释自杀行为。社会逆境并不总是在自杀行为中有所表现，但是，同精神疾病一样，它在那些企图自杀者中出现得更加频繁（Paykel，1976）。尽管社会逆境通常是一个长期的压力因素（Fergusson，2000；Goodyer，2002），但出于操作上的考虑，评估尺度上将它们看作一些生活事件（Evènements de vie，EV）。这些生活事件，可以加速自杀行为，尤其是当主体把它们看作是对他社会条件的威胁时。涂尔干在1897年描述反常自杀时，就曾提出这样一个观点，即正在瓦解的社会影响是自杀的风险因素之一（Durkheim，1897）。在涂尔干看来，这一风险是由机构和人际和谐网的松弛造成的，它使个体暴露在不幸中。这一概念与压力-素质模型(Mann,1999b)相符，根据这个模型，环境压力能够造成脆弱主体的自杀行为，比如，当他们的基因发生某些变异或当他们曾遭受一些不利生活事件时(Caspi,2003)。

依据大部分现有的研究，环境压力，尤其是人际关系冲突，在所有的自杀行为因素中十分常见(Beautrais,2000;Foster,2011)。这一相关性也出现在那些非欧洲国家中(Li,2012)。那些曾有自杀行为的人经历的生活事件平均是目击者的4倍（全距＝1.3—15.8）(Beautrais,2000)。此外，那些死于自杀的人，曾在他们自杀的前一年，遭受过至少一件不幸的生活事件(Foster,2011)。

我们还应考虑到主体对生活事件的主观感知，它比这些事件的客观因素更有可能与自杀行为有关(Malone,2000)，考虑到剂量-效果或展示-反应之间的关系，生活事件的数量和严重程度会改变自杀行为的风险和严重性(Foster,2011;Liu,2005)。

生活事件是导致自杀行为的因素之一，很多专题著作经常提到这一点。根据自杀行为与生活事件在时间上的远近关系，我们通常将后者分为近端因素和远端因素(Roy,2009)。例如，儿时的虐待，尤其是性虐待，是一个远端因素，与成年后的自杀企图和自杀行为紧密相关(Lopez-Costroman,2012)。儿时的虐待增强了企图自杀者的攻击性(Sarchiapone,2009)。反之，一项对自杀近端因素的近期研究显示，自杀者在自杀前的一年中至少经历过一件不幸生活事件，在最近的几个月经常会连续经历数个事件(Foster,2011)。一个典型的例子表现为：在生活中经历过一些导致自杀的近端事件，年轻，冲动，患有人格障碍，而且物质滥用。尽管如此，最近或近端的不幸和长期或远端的不幸通常在同一个人身上并存。总之，自杀和自杀

第9章 社会逆境是否在自杀企图和自杀行为中存在不同？

企图既与最近的生活事件有关，也与童年时期或青少年时期的不幸有联系。实际上，一项最新研究显示，童年时的不幸和死前六个月中发生的不幸之间的相互作用可以帮助我们理解生活事件对自杀行为的作用（Pompili，2011）。

许多学者对社会不幸和与自杀行为相关的精神疾病之间的关系进行了研究，但连接这两方面的机制并没有被阐明。冲动性在这两个因素之间可以起中介作用，因为，这一人格特点，经常体现在精神疾病中（Robbins，2012），增加了经历一些生活事件的风险。根据乔伊纳（Joiner）团队的假设，这些不利生活事件带来的恐惧和痛苦导致了自杀行为（Bender，2011）。尼尔曼及其合作者认为，环境影响通常与自杀过程的初期联系在一起，一旦这一过程开始发展，精神疾病的作用就会增加（Neeleman，2004）。其他一些发现也强调生活事件与精神障碍之间的关系，比如在不幸社会背景下（Brown，2010），抗抑郁治疗的失效。实际上，奥弗霍尔泽及其合作者认为，这两类因素——生活事件和精神障碍，可以将那些自杀者同死于其他原因的人区分开来（Overholser，2012）。

环境对自杀企图和自杀的影响

那些幸存和没有幸存于自杀行为的人属于一类还是两类人自古以来就是争论的焦点（Linehan，1986）。而科学专著对能区分这些群体的因素的研究也非常稀少。新西兰的博特莱及其合作者在这方面的研究样本最大（Beautrais，2001）。这一研究将 202 名自杀者、275 名有过严重自杀企图的人以及 984 名目击者作了对比（Beautrais，2001）。除了有过严重自杀企图的人社会联系更少之外，前两组在不利生活事件方面没有其他任何不同（通过同一个评估尺度测量）。相反，同目击者相比，前两组表现出很大的不同：教育水平更低，工资更低，近期关于人际、法律和工作方面的生活事件更多。

更晚一些，德琼及其合作者对患有抑郁症的50名自杀者和50名企图自杀者作了对比（DeJong,2010）。与企图自杀者相比，自杀者经历的金钱问题和工作压力问题更多。而两个群体在人际冲突比率方面类似。研究人员还强调这一结果在经济危机形势下的贴切性。

而另一项研究却作出了相反的预测。伊纳莫拉蒂及其合作者（Innamorati,2008）将94位自杀身亡的人与另外94位在此研究期间至少有过一次自杀企图且与对照组在性别和年龄上无差别的人作了对比。研究发现，较于自杀企图者，自杀身亡者在其童年及青少年时期所经历的不幸生活事件更少，且他们中离婚或丧偶的人更少。

我们的实验（Giner, 2011）

自杀未遂者与自杀者在其一生中所经历的社会不幸方面的不同是我们的研究目标。为了能够检测这些不同，我们对一组样本作了研究，样本由西班牙南部一个医院中的574人组成：446人有过不同程度的自杀企图，128人死于自杀。自杀企图者在他们到达急诊所24小时之后开始被评估。自杀成功者则通过心理剖析被评估，并依托他们死后18个月亲属提供的消息。两组样本使用的评估标准一致，我们使用了同一量表——圣·保尔-拉姆奇（Saint Paul-Ramsey）的研究工具来识别生活事件（Roy,1986），尽管这一评估标准可能会在对自杀成功者生活事件的深入研究中受到限制。

第9章 社会逆境是否在自杀企图和自杀行为中存在不同？

与此前的研究(Hawton,2009)一致,我们发现,大部分自杀成功者是男性(77.3%),大部分试图自杀者是女性(64.4%)。自杀成功者的平均年龄是 55.8 ± 19.6 岁,企图自杀者的平均年龄是 33.6 ± 14.2 岁($t=-12.19;p<0.001$)。生活事件数量在这两类人群中是类似的($SA=95.3\%$ vs. $TS=93.4\%;p=$ns),与性别无关。在此前的一项研究中,海基宁及其合作者发现了一个不同的结果,即男性比女性经历的生活事件多(Heikkinen,1992)。这项研究借助于从四百对存活的夫妻中收集的信息去评估自杀,它显示,85%去世的人,在他们自杀之前的三个月,都曾经历过一个生活事件,主要是一些工作问题、家庭争执、身体疾病,其中,夫妻分离是最具决定性的事件。在我们样本中,生活事件的数量比近来欧洲研究的数量要高,为80%—85%(Heikkinen,1992;Kolves,2006)。然而,这些研究只考虑到了那些发生在自杀之前3个月的生活事件。

表9.1 自杀企图和自杀达成与生活事件的相关性,依据性别划分。

	女		男	
	自杀企图 $n=295$	自杀达成 $n=29$	自杀企图 $n=149$	自杀达成 $n=99$
夫妻问题	177(60.0%)	14(48.3%)	80(53.7%)	42(42.4%)
	$\chi^2=1.50;ddl=1;p=$ns		$\chi^2=3.02;ddl=1;p=$ns	
其他人际障碍	53(46.1%)	15(51.7%)	53(35.6%)	29(29.3%)
	$\chi^2=0.33;ddl=1;p=$ns		$\chi^2=1.05;ddl=1;p=$ns	
工作冲突	97(33.2%)	5(17.2%)	69(46.3%)	23(23.2%)
	$\chi^2=3.10;ddl=1;p=$ns		$\chi^2=13.57;ddl=1;\boldsymbol{p<0.001}$	
生活压力事件	49(16.7%)	10(34.5%)	27(18.1%)	35(35.4%)
	$\chi^2=5.56;ddl=1;\boldsymbol{p=0.040}$		$\chi^2=9.42;ddl=1;\boldsymbol{p=0.003}$	

（续表）

	女		男	
健康障碍	76(26.1%)	17(58.6%)	46(30.9%)	67(68.4%)
	$\chi^2=13.51;ddl=1;\boldsymbol{p=0.001}$		$\chi^2=33.49;ddl=1;\boldsymbol{p<0.001}$	
其他压力因素	11(3.8%)	7(24.1%)	3(2.0%)	14(14.1%)
	$\chi^2=20.59;ddl=1;\boldsymbol{p<0.001}$		$\chi^2=13.58;ddl=1;\boldsymbol{p<0.001}$	

* χ^2＝卡方值；ddl＝自由度；p＝p 值

通过评估生活事件的类型，我们已经初步找到了自杀达成和自杀企图之间的差异。夫妻之间的冲突在自杀企图(57.9%)中比在自杀达成(43.8%；$\chi^2=8.1$；$p=0.006$)中更加频繁，但是，如果考虑到性别的话，这一不同就消失了。其他的一些研究，将那些严重的夫妻问题一起研究，比如，夫妻分离或离婚，这就限制了将它们同我们的结果作对比的可能性。保尔-拉姆西的量表，将夫妻分离看作是中等程度的冲突，而将离婚看作是严重的冲突。中度冲突在女性自杀者中的比例是 14.3%(自杀企图：34.5%)，在男性自杀者中的比例是 31.0%(自杀企图：41.2%)。严重的夫妻冲突占女性自杀者的 35.7%(自杀企图：24.3%)，占男性自杀者的 35.7%(自杀企图：41.2%)。反之，非夫妻关系问题，在自杀成功者中比在企图自杀者中的数量要少，但是，这一差异并不明显(34.4% vs. 42.5%；$p=$ns)。

人际关系问题的比率在自杀成功者中占 61.7%，在企图自杀者中占 80.5%($p<0.001$)。博特莱(2001)也发现人际关系问题比率在自杀成功者中比在企图自杀者中低(分别是 69.3% 和 74.9%)，但是，差异并不明显(Beautrais, 2002)。然而，应该考虑到的是，博特莱的新西兰样本是由有严重自杀企图的人构成的，从

第9章 社会逆境是否在自杀企图和自杀行为中存在不同？

概念上讲，更接近自杀成功者，而且，男性的比率也更大一些（45.1%，对应我们研究的33.6%）。在我们的样本中，生活中人际关系事件的数量可以区分这两个群体（企图自杀者和自杀成功者）中的男性（56.6% vs. 75.2%；$p=0.003$），但并不适用于女性（79.3% vs. 83.3%；$p=$ ns）。

工作领域中的问题，包括失业，在企图自杀者（37.6%）中也比在自杀成功者（21.9%；$p=0.001$）中的比率要高。对性别的分析表现出两性之间的不一致，工作事件的频率在女性企图自杀者和自杀成功者中没有明显的差异（自杀成功者17.2% vs. 企图自杀者33.2%），但在这两个群体的男性中存在很大的差异（自杀成功者23.2% vs. 企图自杀者46.3%；$p<0.001$）。博特莱（2001）指出工作事件在这两类人群中的分布率大约为37%。

那些生活事件，如居住地的改变或金钱上的问题，在自杀成功者中比在企图自杀者中更频繁（35.2% vs. 17.2%；$p<0.001$）。这一差异在女性（34.5% vs. 16.7%；$p=0.04$）中比在男性（35.4% vs. 18.1%；$p=0.002$）中更明显。

在那些与健康相关的方面，我们也发现了一个明显的不同，这在之前的研究中并没有涉及（Beautrais，2001）。大部分自杀成功者（66.1%）都与其前两年的健康问题有关，而只有27.7%的企图自杀者出现过这类问题。这一分布在女性（58.6% vs. 26.1%；$p=0.001$）和在男性（68.4% vs. 30.9%；$p<0.001$）中是类似的。

其他类型的压力，包括法律问题，在自杀成功者和企图自杀者（16.4% vs. 3.2%；$p<0.001$）中存在显著不同，但与性别无关（男性14.1% vs. 2.0%，女性24.1% vs. 3.8%；$p<0.001$）。在这项新西兰研究中，法律问题在企图自杀者和自杀成功者中的比率是类

似的，大约为17%。

最后，保尔-拉姆西的量表包括对生活事件对主体临床状况影响的评价。或许跟我们想到的正好相反，评估者认为，生活事件对自杀成功者临床状况的影响比对企图自杀者的要小（76.3% vs. 92.1%；$p<0.001$）。这一差异在女性（65.5% vs. 91.4%；$p<0.001$）中比在男性中更明显（79.8% vs. 93.4%；$p=0.003$）。

总之，自杀成功者更可能表现出一些健康问题，其次就是在女性中表现为人际关系问题，在男性中表现为夫妻问题。反之，企图自杀者首先表现出一些夫妻问题，然后在女性中表现出一些人际关系问题，而在男性中表现出一些工作方面的问题。还应该坚持这一事实：自杀成功者比企图自杀者更年长，这可能与社会不幸的增加，尤其是法律或健康问题有关。

我们的结果也显示，自杀成功者与企图自杀者在生活事件的数量上没有明显的差异，这同博特莱的描述相符合（Beautrais, 2001）。然而，那些非人际关系的生活事件，尤其是在工作领域内的生活事件，更有可能与自杀成功者相关，而不是企图自杀者。这一解释可以将德容及其合作者（Dejong et al., 2010）的研究结果与其他研究放在一起考虑。最后，应该注意的是，在我们的研究中，自恋特点在自杀成功者中更频繁。实际上，1/5的自杀者都达到了自恋型人格障碍的标准。这一表现有其合理性，因为社会不幸可以促使一些自恋的人去自杀（Blasco-Fontecilla, 2009a；Heisel, 2007）。

结　　论

社会不幸对自杀行为的作用已经在多项研究中得到证实。然

第9章 社会逆境是否在自杀企图和自杀行为中存在不同？

而我们还不能用社会不幸来区别自杀达成和企图自杀行为。应该意识到这样一个事实：这里涉及的是两个相互作用的群体，自杀企图的严重性可以看作是社会不幸作用的中间因素。

对这一问题的研究很重要，因为社会不幸常常出现在自杀行为发生之前，它可以成为这类行为的诱因。然而，事件类型和自杀行为严重性之间的相关性还需要进一步探索。主体的性别、年龄、身体疾病或人格特点可确定社会不幸对每个主体的自杀行为的作用（Artero，2006；Blasco-Fontecilla，2010；Gunter，2012）。所有这些因素都应该被考虑在内，从而建立一个连接社会不幸和自杀行为的完整模型。

第10章
PTSD、压力和自杀行为

伊莎贝尔·肖迪厄,弗朗索瓦·杜科洛克

PTSD、精神创伤和自杀

几十年以来,所有人都认为,精神创伤和自杀行为之间具有相关性,然而,科学专著对它们的承认还是最近的事情。尽管精神创伤属于焦虑障碍,从流行病学上讲,这归类使它们注定导致患病率和自杀死亡率上升,但PTSD与自杀的关系比其他焦虑障碍或轴Ⅰ上的其他障碍(如情感障碍)更紧密,也更复杂。此外,PTSD同后者也有很多共同点(Khan, 2002; Warshaw, 1993)。无论它涉及交叉发病率、共存性、共病性、简单的相关性或共同的易感性,在某个患有或曾患过PTSD,甚至仅仅曾面临过一个精神创伤事件的人身上,某个自杀举动的出现或某个自杀行为的突然到来对临床医师的预后都是一个主要的挑战,这也给研究者提出了一些问题。

因此,有多种方式可以讨论精神创伤与自杀之间的关系:精神创伤症状出现在目击者甚至是某个试图自杀或已经自杀者的亲属身上,一些自杀行为短期、中期或长期影响某一PTSD的演变,后者或仅仅是由一次精神创伤导致，或由前面提到的两个与其具有共病性的障碍导致。在所有这些情况中，另一个难题出现了：将自杀行为归咎到构成式精神创伤上，还是一次创伤上或者这是对压力事件正常的或病态的、现代式的反应。

现有研究已经很好地证实，大部分精神障碍都是自杀行为主要的风险因素。大量的研究都一致指出，不管自杀者的性别和年龄如何，在他们死时，至少表现出一种精神障碍，这一概率在70%至100%（Arsenault-Lapierre,2004；Cavanagh,2003）。而且，近来的研究还指出，这些精神障碍也是自杀企图的一个主要风险因素，30%至98%企图自杀者在他们尝试自杀时表现出轴Ⅰ或轴Ⅱ上的某一障碍（Ferreira de Castro,1998；Haw,2001）。这类障碍主要涉及情感障碍、物质滥用或人格障碍，但很少被研究到的焦虑障碍，似乎也加重了自杀的患病率和死亡率，同情绪障碍无关（Khan,2002）。我们很诧异地观察到，那些研究自杀的专著很少研究和提到PTSD，而在这一专攻精神创伤、广阔的科学领域中，自杀风险的上升经常被提及（Krysinska,2010）。利用唯一的、对主体的准分析方法，克里桑斯卡及其合作者，通过观察51项之前发表的研究，最终确定自杀和精神创伤之间的关系只适用于之前发生的自杀企图和当前或之前的自杀观念中，在对其他精神障碍进行控制之后，尽管这类关系被削弱，却仍持续而明显地存在。在不反对这些联系的情况下，其他因素看似可以作为PTSD和自杀之间的潜在中介。这是那些研究者的观点，他们认为，在PTSD和自杀之间，可以同时存在一些风险因素或共同的决定因素，并且，其影响可能还具有重叠性，因为PTSD经常会与其他障碍有许多共通点，而这些障碍本身也表现出一些自杀的风险因素（抑郁症、焦虑障碍、边缘型人格障碍、兴奋剂的滥用……)(Hyer,1990;Maris,2000)。奥肯多及其合作者也在他们发病机理模型的构建中提到了前人格(创伤前)。他们指出,一些患有PTSD的人有自杀风险(首先是那些即将要完成自杀的人),会表现出更多的易感性因素(冲动性,边缘性……)(Oquendo,2005;Oquendo,2003)。同时,尽管现在不可能在创伤事件类型和自杀风险程度之间建立任何联系,但早期、重复或长期暴露在创伤中会增大自杀风险,例如,经常受心理、身体或性虐待的儿童,其心理情感发展会受到不利影响。

就是在这些元素的基础上,最近,出现了一个同时融入生物元素和临床理论依据的模型,得到多个研究团队的拥护。为了将易感因素和促进因素区分或连接起来,这些研究者划分了"素质"(独立于某个精神障碍的、真正的特点)和"压力因素"(有利、诱导或加速自杀举动的因素)(Mann,2003)。第一组因素,叫作内表型因素,包括一些临床、神经生物、神经内分泌腺标记。临床因素具有横向性或维度性,如冲动性、悲观倾向、攻击性或绝望,如果这些因素可以被看作是诱导个人自杀行为的表型,那么它们也使得主体对某一创伤的突然到来或结果异常敏感;冲动性会增大某个人的事故或攻击风险,就像在边缘型人格或双相障碍中描述的那样(Neria,2008;Otto,2004;Pagura,2010)。至于绝望或简单的悲观主义,我们也很容易想到,这些特点同样可以加重创伤后造成的压力。在这些临床表型的基础上,加上神经生物表型,要找出共同决定自杀行为和心理创伤障碍的因素,还需进一步探索。包括5-羟色胺系统(冲动性、神经症、绝望)和儿茶酚胺系统(攻击性、冲动控制、儿时创伤、经受的绝望),还有多巴胺系统。第三个方面是神经内分泌腺,以下丘脑-垂体-肾上腺这一轴体(HHS)为中心。这方面元素看起来能够相互结合,提高自杀风险和加重PTSD的风险,按照以下合成模式:去甲肾上腺素的减少和5-羟色胺功能的减退,提高了自杀风险,而创伤过后多巴胺新陈代谢的加强有利于这些自杀行为的临床表型(冲动性、绝望)。这些内表型因素,是为了同那些更与遗传相关的、推定风险因素相区别。这一模型同表观遗传模型相平行,经常在精神创伤的研究中被提到,即环境创伤因素如何通过传达机制的改变来影响基因的表达,这一机制可以在代与代之间遗传。这是一个已经被提到的多基因遗传模型,它包含一些诱导自杀行为的候选基因,尤其是为5-羟色胺受体($5-HT_{2A}$)、5-羟色胺转运体(5-HTT)、单胺氧化酶(MAO-A)或多巴胺受体(D1和D2)编码的基因。最后,在这些导致自杀的因素中,一些精神创伤元素也可以被识别。实际上,众多的研究都指出了童年生活中的消极事件对成年后自杀的患病率和死亡率的重大影响,比如早期遭受过身体虐待和性虐待的人企图自杀率比无此经历的人高十倍(Soloff,2002),这一情况与其他不幸因素(情感上的忽视、过早分离或丧失亲人)和其他任何精神疾病元素无关。尽管儿时的创伤与成年后的自杀之间的关系受某些与生物相关或不相关的特点(人格因素、冲动性)影响,然而有意思的是,对这些特点加以控制后,高自杀风险仍然存在。因此,同一素质中的环境和遗传因素的结合,环境和遗传的相互作用,在很大程度上决定着自杀行为(Brent,2005)。

压力与自杀

压力(比如:心理社会压力)不仅是精神疾病的主要决定因

素，也是一个独立影响自杀行为的因素，那些主要的压力事件被普遍认为是这一行为的诱因。就像我们之前看到的那样，曼恩提出了一个关于压力诱发自杀行为的模型，包括临床和生物因素，这两个部分相互依赖(Mann,1999b;Mann,2003)。在这一压力-素质模型中，自杀举动来自"特质"因素和"状态"因素的相互作用。这些"特质"因素同一些依赖于遗传因素和不利经历突然到来(比如：儿时的虐待)的临床因素(比如：行为障碍、人格、嗜酒……)相符合，同5-羟色胺(5-HT)的紊乱有关。"状态"因素指一些精神疾病的出现(如抑郁症)受环境因素的影响，如心理社会压力(比如社会隔离)。HHS轴体和去甲肾上腺系统是两个对压力产生反应的主要部分，它们的紊乱会导致自杀行为，我们可以从自杀者的尸检中看到这一点，它可预测临床上存在自杀风险的人，研究精神病人的自杀行为(自杀企图和自杀观念)。

促肾上腺皮质轴 通过对抑郁自杀者的尸体进行解剖，我们发现，脑脊柱液(LCR)中促肾上腺分泌激素(CRH)水平，下丘脑旁室核中CRH神经元数量和抗利尿激素水平，垂体中为ACTH的前质编码的ARNm都出现增加(Arato,1989;Lopez,1992)。所有这些观察说明了抑郁自杀者的HHS轴体的过度活跃。

精神病人的预后研究指出，地塞米松(糖皮质激素)中非抑制基因与自杀之间的相关性(Coryell,2001;Yerevanian,2004;Yerevanian,1983)。尽管没有采用系统的方法，但对七项针对患有情感障碍的病人的研究的元分析最终得出，非抑制基因病人的自杀风险比抑制基因病人有显著增加(OR＝4.6,IC95％＝3.5－12.7)(Mann,2006)，研究对象自身的特点可以解释这些不一致，这些特点包括障碍的严重性、主体的年龄或性别等(Coryell,2006;

Jokinen,2008a;Jokinen,2008b)。

尽管抑郁病人的地塞米松"非抑制基因"特征与自杀状态存在明显的联系,所得数据同**有自杀行为的精神病人**的情况并不是很一致。一项较早的分析显示,对 24 项针对有自杀企图和地塞米松反应异常的病人的元分析发现,有 8 项指出,地塞米松用后皮质醇率与自杀率存在正相关,11 项指出了负相关(Lester,1992)。最近的一些研究并没有解释这种不一致(Brunnerm,2002;Lindqvist,2008;Pfennig,2005;Pichot,2003;Pichot,2008;Westrin,2003a)。

通过对自杀者的尸体进行解剖,我们可进行预后研究,这有利于对 HHS 轴异常活跃进行猜测,但这一猜测并未在有自杀行为的病人身上获得系统核实。某些研究的规模受限,自杀表型的相异性,包括从自杀观念的形成到暴力自杀企图,以及是否考虑自杀举动的目的、新旧程度或严重性,还有是否考虑到医治频率或企图自杀频率,这些都有可能导致这一不一致性。自杀病人团体在诊断和精神疾病(轴 I 和 II,DSM‐IV)的共病率上也具有异质性,某些共病特性被认为与 HHS 轴运行的改变有关(Westrin,2003b)。此外,很少有研究考虑到性别之间的差异,因为不同性别对压力的反应是不同的(Beluche,2009;Kudielka,2004)。女性更多是企图自杀,而男性更多是自杀,考虑到这一不同点或许具有决定性(Young,2005)。控制群体的选择也是一个重要因素,然而这一点并没有被足够重视,使得在大多数情况下,无法解释与自杀和/或与相关精神障碍有关的轴体活动性的变化。最后,那些用来测量 HHS 轴(尿液、唾液或血液的皮质醇水平、地塞米松或地塞米松/CRH 测试)的方法也可能造成某些不一致。

去甲肾上腺系统 通过对自杀者的尸体进行解剖,我们发现,区域与区域之间存在不一致：在抑郁症自杀者的蓝斑中，去甲肾上腺神经元数量减少；在其脑干中，去甲肾上腺素(NA)减少，而α2肾上腺素受体的数量上升(Mann，2003)。相反，我们观察到，前额皮层中 NA 和 β 肾上腺素受体量的上升，α2 下降，反应出去甲肾上腺皮质活动性的增加，这就可以解释自杀者大脑蓝斑中去甲肾上腺神经元数量的减退。众多关于抑郁病人或儿时有过不幸经历的人的研究显示，去甲肾上腺对压力的回应过于敏感。一些对动物的 NA 减退或长期压力的补充性研究使我们能够更好地理解整个在抑郁自杀者身上实现的观察，这些研究指出，自杀者在死之前，去甲肾上腺中央系统过度活跃，神经元感受器功能不足(Chandley，2012)。

因活体研究受限制，大部分的研究依靠 LCR 中的 3-甲氧基-4-羟基苯乙二醇(MHPG)的配量，这是 NA 的一个代谢物和大脑中去甲肾上腺活动的一个潜在指标。针对一些曾有过自杀企图的精神病人的横向研究并没有显示出这一代谢物的显著差异。反之，一些预后研究表明，3—12 个月内尝试过一次自杀的人，在服用这一配量之后，MHPG 水平降低，这一减少在那些进行致命自杀企图的人身上更明显(Jokinen，2010；Mann，2012)。这些观察有待进一步验证。

在最近几十年中，对抑郁成年自杀者的生物标记的研究指出，脑系统 5HT 和 HHS 轴紊乱以及去甲肾上腺系统在最低程度上的紊乱。整个这些研究的目的是为了选出一些可能改善个人自杀风险的评估指标，维持对这方面的敏感性，借助于临床上的一些风险因素(比如曾有过的自杀企图)提高预测的特异性。现在，很少有研究会去尝试寻找一些生物预测模型。曼恩及其合作者

(2006)在预后研究的基础上作了一个针对抑郁病人的相关分析,测试了不同的结合,包括 LCR 中 5-HIAA(5-羟吲哚乙酸,5HT 的一个代谢物)率和地塞米松中非抑制基因的地位。没有任何一个结合这两个指标的模型能够提供让人信服的自杀改善情况的临床预测(Mann,2006)。最近,约基宁及其合作者(2010)发表了一些振奋人心的结果,他们对一些抑郁病人进行预后研究,同时,考虑 LCR 中 MHPG 率和早上病人血液皮质醇率。这两个生物指标的结合得到了特异性预测和令人满意的、积极的预测价值,更重要的是,这一模型将主体过去的自杀行为也考虑在内(Jokinen,2010)。然而,这些研究还仅仅处于初级阶段。因此,必须精确我们关于不同生物指标方面的知识,从而对自杀行为加以预测(比如优化对 LCR 中的 5-HIAA 低比率的定义),以及研究临床指标给自杀预测带来的特殊贡献。

结　　论

近来,格拉杜斯及其合作者(2010)首次研究了对重大压力有异常反应(ICD-10)者的自杀风险(Gradus,2010)。他们观察到,自杀率在这些人身上要比控制人群高 10 倍。这些自杀发生在诊断后的第一年,而后,自杀率会下降。这些观察,加上之前描述的关于 PTSD 与自杀之间存在相关性的观察,都使我们认为,某个创伤事件会短期导致一部分人产生自杀行为。一个可以预测严重压力状态或长期 PTSD 的早期治疗可以降低与这些诊断相关的自杀风险。在最近 10 年中,两种针对去甲肾上腺系统和促肾上腺皮质系统的药物已经被开发出来。这些治疗主要依托于这样一个观念,创伤前后皮质醇水平不足导致对压力的长期反应,这一点通过心脏的高频率跳动可以看出来,跳动的强度决定着PTSD的发展。β肾上腺素受体阻断剂普萘洛尔对PTSD具有预防作用,但此方面的研究尚未得出什么结论(Hoge,2012;Pitman,2002;Stein,2007;Vaiva,2003)。当前,看起来最有希望的路径就是,针对那些很可能会患有PTSD的主体,一旦他们经历了创伤,立即对其皮质醇实施控制、管理。两项针对感染病人或接受过心脏手术的病人的研究和一项对那些经受创伤的人实施的随机试验显示,对皮质醇的控制可以降低主体对严重压力的反应,抑制PTSD的发展(Schelling,2006;Zohar,2011)。

压力反应系统对自杀行为、抑郁症和PTSD产生影响,我们应该继续这方面的研究,从而预防自杀行为。

第 11 章
监狱还是地狱

马蒂约·拉康布尔

鉴于监狱中的高自杀率和监禁人数的上升，对这一早已存在的现象提出质疑看来是合理的。尽管各方在这方面不断作出努力，但人数仍然持续增长（Duthé，2010），很难控制这一局势（阿尔布兰德［Albrand］的报告，2009 年 1 月；特拉［Terra］的报告，2003 年 12 月）。不论是混乱的、利他的、自私的还是致命的，监狱中的自杀都是涂尔干描述的那两种社会立足点（Durkheim，1897）破裂的表现：从属关系和人际关系。因为，监狱首先是一个封闭场所，同时（尤其是）意味着同亲人的断裂、孤立，强制调整所有的社会关系，在一个充满敌意的环境中，聚集着一些暴力、受苦的人。因此，这个刑犯接受惩罚的地方，说的好听点，是一个受苦受难的地方，说不好听的，就是地狱。但是，这到底是个什么地方呢？应该从不同角度关注有关监狱中自杀的统计数据。提出某些视角之后，我们将介绍当前有关在监狱中自杀的数据。然后，我们将阐释监狱自杀的风险因素。最后，提出实施准则和一些思路以及行动路线，从而更好地预防监狱自杀。

有关这一问题的数据

在阐述监狱自杀统计数据之前,应该首先说明几个角度,从而限定我们的观察范围。首先,缺乏单一化:监狱作为一个机构,通常与任何一个专制机构没有本质的区别(Goffman,2007),然而,这些监狱也各有特点(尺寸、年代、建设风格、惩罚制度、分类关押……)。而且,就算在同一监狱中,监押条件也有很大的不同(一个人或几个人被关押在一间比较大的牢房中,内设淋浴或不设,位于惩戒街区、封闭街区……)。此外,这些关于监狱自杀的数据包括不同的角度(比如:其中一个角度是,那些选择在他们刑满释放或出于医治原因享受到缓期执行之后自杀的人)。所有这些数据和统计方法都应该被系统地说明(高自杀率、毛率、参照人群……),将它们重新置于有关背景中(什么类型的监狱、什么样的罪行、年龄段……),使用整个结果谨慎地去解释,因为,如果分开研究,就可能会改变整个趋势(Aubusson de Carvalay,2010)。

自杀是监狱中死亡的首要手段,无论性别还是年龄,而自杀占一般人死亡原因的 2‰(Aouba,2010)。50 年里(从 1960 至 2010 年),监狱自杀率增长了 5 倍,自 20 世纪 80 年代以来,每 1 万名罪犯中,自杀人数徘徊在 15—20 人(其中有几年非常严重,比如 1996 年,每万人中有 26 人死于自杀),而法国一般人的自杀率约为 1.5‰,就是说是监狱自杀率的 1/10。监狱自杀率的演变绝不会受到一般人自杀率的影响,完全是独立的。男女性别比是 3∶1(在法国,96%的罪犯是男性);那些候审的人(等待判决),其自杀率比已判决的人高 2 倍,而且,大部分自杀都发生在被收监的初期(前2个月,自杀率约为25%,前6个月为50%)。未成年和年轻犯人的自杀率比较低(大约为1‰),而25岁之后,自杀率就不再受年龄的影响(大约为2‰)。我们观察到,自杀率在逮捕现场比在监狱中高2倍;过剩收监率并不影响自杀率(只需观察一下这两个地区的比率就能够发现,欧洲北部:过剩收监率低,而自杀率高;欧洲南部:过剩收监率高,而自杀率低)(Duthé,2011)。

风险决定因素

监狱自杀风险因素被很明显地指出(Duthé,2010;Fazel,2008);它们涉及一些有关个人在精神疾病(自杀企图前科、抑郁情境……)、刑事(首次入狱、候审……)和司法(暴力犯罪、性侵犯……)方面的传统数据。此外,背景数据也很重要,在一个人被关押期间,主要有三个风险阶段:关押初期(伴随着传统的监狱冲击)、审判前后阶段(在审判之前、审判期间和审判之后)和释放。为了能够有效地预防此类事件的发生,以下所有风险因素,都应该被系统地研究:

- **家庭因素**:家庭成员自杀先例。
- **个人因素**:男性,个人此前曾有过自杀企图和/或暴力自杀行为,成瘾,代偿失调性精神疾病,曾遭受虐待,儿童时期被遗弃和/或曾遭受虐待,不成熟和冲动性。
- **心理社会因素**:家庭上、情感上和/或社会上孤立,死亡,分裂,分离。
- **司法因素**:犯罪程序(谋杀、凶杀、强奸等)、刑事因素(审判、

危机干预：理解与行动

重审、对质、听审、缓刑期撤销、新案件等）。
- **监狱方面因素**：首次入狱、街区位置（惩戒区或孤立区）、转移到远离家庭成员或配偶的地方。

有效的行动措施

自杀风险在收押的初期就存在（在拘留期间就已经存在！），这也是治疗单位向所有犯人提供探监许可的原因。应该让护士、医务人员和精神科医师认真地观察犯人。监狱环境中精神障碍频发（Falissard, 2006），我们应该对犯人的精神状态进行全面评估，并收集一些与自杀目的（一时出现的想法、目的、想法、想象）相关的风险因素，找到可能的应急措施（谋划自杀行为、正在实施…），最后明确危险性（手段的可达性和致命性）。在前几个月，对那些刚入狱的人跟踪实施评估和监视；为了应对自杀危机，在一个恰当的环境中组织系统的治疗，即在精神病院中。除了日常的精神治疗工具之外，在缺乏治疗指示的情况下，监狱中存在一些特定的职业预防手段，比如防治委员会（对监狱的预防政策予以反思、建立互动和指导机制……）或在一个牢房中安排双人，其中一人曾接受过精神方面的治疗，进而预防可能出现的自杀行为，同时建立起人际关系，这一点涂尔干认为十分重要（Durkheim, 1897）。在工作分配或选择性的转换时（与家庭成员的接近、再安置方案等），从属关系就得到加强，使主体重新步入社会、职业（售货员、维修人员、图书管理员等）或社会文化（家庭）团体中，在监狱外恢复社会活动（谈话室、工作地点……）。

第 11 章　监狱还是地狱

结　论

  监狱自杀率是一个特定的社会指标，它指出，我们的社会导致一部分人在诸如监狱的强制机构外或强制机构里（Goffman，2007）自杀（Durkheim，1897），自杀率比在"自由状态"时高 10 倍。犯人与支持自己的人相分离（第三者的参照作用），他面对一系列的丧失：在没有人认识自己的情况下丧失自我身份（尤其是在监狱或在牢房中用号码代指人）；在缺乏团队成员参照的情况下丧失社会从属感；最后，人际关系突然地、巨大地改变。被剥夺上帝青睐的惩罚叫作炼狱，它的执行地点在地狱……这样说的话，监狱就相当于地狱。总之，这是看法的问题。

综合概括酒精相关障碍现实流行情况
深入浅出帮助理解和应对酒精成瘾者

扫码了解《如何帮助酒精成瘾者：酒精相关障碍者陪护指南(第二版)》

第 12 章
成瘾和自杀：危险关系

塞巴斯蒂安·吉约姆，弗兰克·贝利维耶

根据世界卫生组织报告，全世界每年约有 100 万人死于自杀，也就是说，每 40 秒就有一个人自杀。在法国，每年有 10 500 人自杀，与物质使用有关的障碍（trouble lié à un usage de substances，TLUS）很快提高了自杀企图（tentative de suicide，TS）和自杀达成的风险。这一点，在针对 TLUS 患者自杀行为的研究中得到了证实。

在这一章中，我们将依次评估 TLUS 和自杀行为之间相关性的重要性及其结果，以及这些联系在个人和社会层面的性质。最后，提出几个预防和治疗手段。

TLUS 推动自杀行为

某些精神障碍几乎总能在一些自杀者身上找到，TLUS 是最具代表性的诊断之一，无论是独立存在还是与另一精神障碍（如情绪障碍）共存。研究显示，自杀个体患有 TLUS 的概率在 47%—

65%（Cavanagh，2003）。同时，我们发现，患有 TLUS 的人比一般人更有可能出现自杀行为。一个患有 TLUS 的病人其自杀企图发生率会提高 4 倍，而这一自杀企图加重的概率会提高 6 倍。最后，一项针对 15 岁年轻自杀者的预测研究表明，TLUS 是自杀行为最好的预测因素（Hawton，1993）。

这一相关性存在的原因有哪些？

TLUS 和自杀行为之间的相关性以多个一般机制为基础。首先，从长远考虑，物质（主要是酒精）促使自杀行为，加重精神疾病的共病率（比如抑郁），后者反过来又会增加自杀风险。从短期考虑，物质具有加速作用，激发攻击或冲动行为，抑制应对策略（尤其是对行为的控制力降低），这样，个体就有可能将自杀观念转化为自杀行为。同时，严重物质成瘾提高了自杀举动的致命性，会促使自杀企图向自杀达成转变。

其次，自杀行为会增加利用药物成瘾进行自我医治的风险（Lopez-Castroman，2011）。一些研究人员也提出，某些人会对"自杀成瘾"（Blasco-Fontecilla，submit）。

最后，自杀行为和 TLUS 之间可能还存在一些共同的易感性因素，比如以"神经质"（人格特点：无法控制焦虑和压力情形）为特点的人格是一个疾病预测因素，它可以独立地导致成瘾行为和自杀行为的出现。同时，某些认知异常，比如不能在一些不确定的情况下做出决定，看起来与自杀易感性和成瘾易感性相关，尚难确定童年时所遭受的精神创伤这一预测因素位置。这是成年后自杀行为和成瘾的一个主要的共同风险因素。所以，TLUS 和自杀行为之间的相关性可能来自某些创伤类型构成的发展背景。创伤严重性和自杀行为严重性以及 TLUS 严重性之间相关性的存在也说明了这一点。

哪些因素可能增加 TLUS 病人的自杀风险？

社会文化因素和社会心理压力

就像本书某个特定章节提到的那样，社会文化背景对自杀行为的流行起作用。比如，曾有人明确地指出过，当前席卷欧洲的经济危机与自杀的加剧有关（Stuckler，2011）。实际上，在自杀行为发生时，社会心理压力因素几乎总会出现。那些患有 TLUS 的病人，在社会和职业安置中会面临更多困难，也会经历更多的家庭问题（离婚、子女照看……）。这些社会心理压力可能促发自杀危机出现或加重自杀危机。

同样地，公共卫生针对毒品的政策和社会的目光，很有可能对毒品的消费产生影响。对自杀行为也间接地产生影响。这样，这些政策就会限制某一社会过早地接触这些物质，对这方面的谴责可能会导致一些社会心理压力或抑制一个社会降低 TLUS 风险的能力和治疗这些成瘾的可能性。

最后，一个社会的文化消费模式很可能会改变毒品消费和自杀之间的相关性。因此，很明显，重度的酒精中毒增加自杀行为的频率和严重性。一次重度的酒精中毒可以将自杀风险提高 90%。在酒精消费和自杀行为之间，存在一个剂量-反应的关系（Sher，

2009)。同时还需指出,在醉酒状态下,人可能会用一些更致命的手段(比如武器)。这一重度中毒和自杀行为之间的相关性,可以部分解释这些数据。有研究曾指出,自杀率在北欧国家比在南欧国家高,其中,北欧国家人均消费的酒精量低,但狂饮的人多;南欧国家人均消费的酒精量相对高一些,但能够较为平均地分配在一周内(Pirkola,2004;Sher,2009)。

个人易感性因素

尽管社会文化现象和生活中的消极事件可能促发自杀行为,但它们没法向我们解释为什么在某一特定的情况下,在同等压力下,某些人会产生自杀行为而其他人不会。自杀过程的"易感性-压力"模型指出,在那些患有某一精神疾病或遭受某些环境压力的人中,只有那些携带有特定易感性的人才会产生一些自杀行为(Mann,2003)。这些易感因素是自杀行为所特有的。它们适用于所有精神疾病(跨疾病分类的)。识别这一易感性(在表12.1中列出)有助于更好地识别那些具有高自杀风险的病人。

与TLUS有关的因素

物质滥用既是影响上瘾者,也是影响"偶尔消费者"的自杀行为的重要因素。因而,在评估自杀的时候,物质滥用就应该被认为是一个提高自杀风险的因素。

对大多数的物质来说,其戒断阶段同样也可以导致自杀。其中,不同的机制发挥了作用:情感抑郁程度的变化、焦虑发作加剧或性别障碍激化(愤怒、冲动性)。在吸毒的状态和在戒断的状中,存在个人易感性。某些病人尤其会显示出情绪烦躁的精神状态,同时伴随有自杀观念的重现,以及对行为较差的控制力。

自杀行为风险也根据所用产品类型的不同而变化。因此,如果对尼古丁有依赖,那么死于自杀的概率就会增加2.5倍;如果是印度大麻,会增加3倍;如果是酒精,会增加10倍;如果是鸦片,那么死于自杀的概率会增加11倍(Harris,1997)。风险最大的是那些通过静脉注射使用毒品的人(风险在那些吸食多种毒品的人身上提高30倍),在这些人中,自杀占所有死亡原因的35%。

TLUS的强度也同样提高自杀风险。例如,在酒精问题上,自杀行为与对酒精的依赖程度、与酒精相关的并发症的数量、初次饮酒的年龄和喝酒的年限相关(Sher,2006)。最后,在整个TLUS的演变过程中,自杀风险都在增加。

然而,对与自杀行为相关的TLUS特点的总结是很困难的,因为缺乏那些依据不同物质、滥用或依赖程度和吸毒或戒毒状态对自杀风险所做的对比研究。

与精神疾病相关的因素

研究显示,38%—51%有成瘾史的病人也有某个相关的精神障碍。然而,TLUS与自杀行为之间的相关性之所以更明显,是因为主体还患有其他精神障碍,如抑郁症、双相障碍或注意力缺乏、过度亢奋等。最近一篇关于评估自杀预防方案对正在接受治疗的人有效性的文章显示,最有效的预防自杀的措施之一就是识别和控制精神障碍(While,2012)。

几个预防与治疗思路

所有这些数据应该能够引起一些临床上的反应。应该对所有患有 TLUS 的病人进行自杀风险和精神疾病共病率的评估（表 12.1 列举了正确评估自杀风险的主要因素，需进行系统地研究）。很明显，这些因素的并存增大了自杀风险。这一评估应该在我们病人的身上有规律地实施，某些因素会发生改变（严重精神障碍、生活事件），其他变化较少（易感性因素）。同时，在自杀企图的消退期，应该对 TLUS 作一个系统地研究。最后，如果诊断出两种症状，应该对 TLUS 和共病障碍同时进行治疗。

治疗网的构建对治疗成瘾和预防自杀行为都非常有效，病人可以参与到这一治疗网络中（Lesage，2008；While，2012）。因此，一个治疗链应该被尽可能经常地提出，包括精神学专家、癖嗜学专家、精神病急救单位和治疗医师。精神学专家和癖嗜学专家之间应该进行系统合作，共同对那些严重的共病性病例进行治疗，针对那些难治疗、有自杀企图的、在急救中心的共病性病人制定一些治疗协议，并使癖嗜专家及时掌握应对自杀危机的精神治疗手段。最后，精神学和癖嗜学部门应该支持处在第一线的参与者（一般医师、急救部门），从而识别、治疗和核实那些共病性病人，同时，针对这些病人提出一些快速治疗手段。

总而言之，那些成瘾的病人有很高的自杀风险。因此，应该系统评估那些因物质滥用而患有某一障碍的病人的自杀风险；反之，通过一个自杀企图，有必要探索与物质滥用相关的某个障碍。最后，应该对可能使演变复杂化的相关精神疾病进行研究。

对这两个障碍的治疗应该一致,尽可能地将它们放到一个治疗网络中。

表12.1 影响患有 TLUS 者自杀的风险因素

自杀观念的形成
自杀易感因素
■ 个人自杀企图先例 ■ 家庭成员自杀先例 ■ 童年受虐经历 ■ 攻击-冲动性(包括暴力行为先例) ■ 悲观主义:绝望,很少有继续生存下去的理由,倾向于形成一些自杀观念
TLUS 的类型和模式
■ 严重中毒 ■ 戒毒阶段 ■ 依赖性诊断 ■ 使用物质类型 ■ 早期开始年龄
共病精神疾病
情感障碍、焦虑障碍、人格障碍
心理社会压力因素

第13章
迁移、自杀和社会融合

默罕穆德·塔勒布,阿伊莎·达杜

许多学者都强调社会或人际关系变化对理解自杀的重要性。埃米尔·涂尔干被认为是社会学和自杀学研究领域的奠基人,他主要将自己的研究集中在经济和社会因素上。在他的《自杀论》(1897)一书中,特别强调社会融合概念。他曾作出过这样的假设:自杀率与个人的社会融合率呈负相关。迁移和自杀之间的关系给予了测试这些猜测的机会,帮助认识社会变化对理解迁移、社会融合和自杀之间关系的意义。

迁移现象在世界上持续上演。它是人口演变的一个重要部分。自1975年以来,世界上的迁移人口数量增加了一倍还多,大部分的人迁到了欧洲(5 600万),亚洲(5 000万)和北美洲(4 100万)(欧盟委员会,2002)。在1990年,迁移人口占52个国家人口的15%以上。

2005年世界卫生组织欧洲部长级会议关于精神健康的会议指出:

> 迁移人群……一旦进入到迁入国,大部分的家庭都丧失

了他们原有的生活习惯。置身于同自己之前所认识的完全不同的环境中，语言障碍和对迁入国文化准则和风俗习惯的无知，使迁移居民一下子步入到压力的情景下，从而增加了不适应的风险。

欧洲当今政治和经济形势使得迁移经历变成了一个极其困难的过程。成千上万的人迁移到其他地方，在某些情况下，他们的痛苦和压力非常大。他们中的某些人来自那些遭遇政治危机、内战、大屠杀和经济问题的国家(DeJong, 1994)。此外，迁移通常意味着丧失和改变(Carta, 2005)。这两个方面是社会压力的源头，社会压力的强度和持续性会对相关群体的精神健康造成非常消极的影响，使得迁移人群及其家庭在面对心理和社会压力时变得更加易感。实际上，某些数据显示，迁移人群患精神障碍的风险非常高，包括精神分裂、自杀、抑郁、嗜酒和物质滥用(Carta, 2005)。除之前在自己国家经历的不同创伤之外，迁入国的社会环境和生活条件也有很大的影响。在流亡过程中，其在社会和情感方面所获得的支持也是影响障碍严重性的重要因素(Lie, 2002)。

流行病方面的数据

由于迁移所带来的巨大改变，迁移者会面对一些重大调整，包括社会、文化和经济环境。一些精神学家把迁移者的一些共同症状叫作尤利西斯综合征或移民慢性复合应激综合征，这一综合征的发病率在欧洲许多精神机构中都处于增长状态(Carta, 2005)。患有这一综合征的移民会表现出抑郁症状，还表现出焦虑、躯体症状和不合群。

第13章 迁移、自杀和社会融合

对移民精神障碍的最早评估要追溯到70多年之前（Odegaard,1932）。半个多世纪以来，已经证实，同欧洲西部和北部的当地人或居住在迁出国、与迁入国属于同一种族的人群相比，来自众多国家的不同迁移人群，无论是第一代还是第二代移民，患精神障碍的风险非常高（Cantor-Graae,2005b；Eagles,1991；Morgan,2010）。在英国，来自非洲的病人或加勒比人患精神障碍的概率是当地人的3—6倍（Bhugra,1997；Harrison,1988）；荷兰的摩洛哥人和苏里南的安的列斯群岛人（Schrier,2001；Selten,2001），瑞典（Zolkowska,2001）、德国（Haasen,1998）和比利时（Charalabaki,1995）的移民患病率也很高。

许多患病因素都被用来解释移民的精神障碍高患病率，比如遗传（Sher,1999）、选择性迁移（Eagles,1991；Sharpley,2001）、兴奋剂的滥用（Sharpley,2001）、病毒感染、维生素D缺乏（Zolkowska,2001）以及产后并发症高患病率（Cantor-Graae,2005b）。在那些最常见的解释中，消极的心理社会和环境因素以及社会不幸使那些移民易患精神障碍（Eagles,1991）。侮辱、社会文化程度低尤其是同化过程，采取一种强烈的消极人种认同形式，同样也与少数人种患精神障碍的高风险率有关。这种消极的人种认同可以看作是一种歧视（Reininghaus,2010）。

自 杀 与 迁 移

数项研究显示，根据移民的出生地不同，他们的自杀率存在很大差异。实际上，我们的数据得出的结果很不同，甚至是相矛盾的。许多调查强调，移民的地位构成一个重要的自杀风险因素

(Ferrada-Noli,1995;Johansson,1997),其他调查则显示,某些移民团体的自杀或自杀观念发生率比当地人要低(Hjern,2002;Singh,2001)。实际上,问题的不同取决于移民是第一代还是第二代。

第一代移民

我们认为,自杀率在第一代移民中通常比在当地人中低,尽管这些概率会随着迁入国和迁出国的不同而变化(Neeleman,1997),通常,第一代移民的自杀率与迁入国及其本国的自杀率更接近。他们携带着与本国同样的自杀风险和保护因素,包括传统文化和宗教文化、社会地位、个人经历和特殊的遗传因素。在加拿大,移民的自杀率是当地人的二分之一(Malenfant,2004)。德国土耳其人的自杀死亡率低于德国本地人。可能的解释是土耳其团体内部社会融合度高以及一些宗教禁忌(Razum,2004)。

而后,这些移民的自杀率渐趋同于当地人的自杀率(Ide,2012)。这或许是因为,随着时间的推移,那些影响当地人自杀率的因素同样也会影响移民的自杀率。一项针对荷兰全体民众的研究(不对移民的第一代和第二代加以区分)指出,同荷兰当地人相比,荷兰的摩洛哥和土耳其移民的自杀率更低,而荷兰苏里南移民的自杀率就相对较高(Garssen,2006)。在英格兰和威尔士地区,出生在牙买加的人,其自杀死亡率在1999—2003年上升,而原籍为印度和东非的人,其自杀死亡率在此期间下降(Maynard,2012)。

通常,男性自杀死亡率比女性要高,但是,对某些社会弱势群体来说，这一关系可能正好反过来（Razum，2004）。在某些情况下，迁移对女性比对男性可能会更有害。在英格兰和威尔士地区，自杀率在印度男性中比较低，但在印度女性中却很高（Soni Raleigh，1992）。在加拿大，自杀死亡率在第一代女性移民中比在当地女性居民中要高（Kliewer，1988）。

移民后代

移民的后代有时会对父母的文化和迁入国的文化产生矛盾情感，他们必须在中间达成妥协。依据个人资源和采取的适应策略，他们可能会产生一些心理问题。但是，他们的困难不仅仅来自他们的跨文化处境，尤其是社会经济和融入困难。在第二代移民中，我们发现，抑郁症患病率和兴奋剂使用率都很高（Pena，2008）。他们感到悲痛的可能性更大（Kosidou，2012）。

现有数据表明，自杀风险在第二代移民或其后代中比他们的祖先（第一代移民）要高。在鹿特丹，土耳其移民儿童的自杀风险比荷兰当地儿童高5倍。在瑞典，第二代移民的自杀风险比其父母的要高（Hjern，2002）。这些可能是家庭关系、宗教情感和团体感削弱的结果。

移民后代中女性的自杀风险比男性高。在英国，原籍印度的年轻女性，尤其是15—34岁的女孩和女人，其自杀率比同龄男性移民和本地年轻女性的自杀率高（Patel，1996）。抑郁、焦虑和家庭暴力是一些通常被提及的因素。在德国，土耳其女孩和年轻女性的自杀率很高，这可能是由社会文化冲突导致的（Ide，2012）。

在加拿大,自杀率持续攀升。这一增长完全归于男性自杀率的上升,女性的自杀率相对稳定。第一代移民中女性的自杀率比当地女性的自杀死亡率高,女性中自杀率最高的是亚洲移民(Strachan,1990)。可能是因为那些非欧洲女性移民生活条件困难,面临文化冲突,可能还与自己的家庭存在文化冲突,这一系列的原因导致了她们的高自杀率。

假　　设

在许多国家,对这些问题的研究角度长期以来都是文化方面的,因为文化是主要的,甚至是唯一的因素。透过这一元素,分析主要围绕移民心理上的困难,而忽视了社会和社会心理研究角度。许多学者认为,自杀与跨文化或移居状况有关,那么,如何解释自杀率在第一代和在第二代中的不同呢? 自杀率在第二代中更高,这就使人设想,还有其他因素导致了这一增长。

为了理解这些不同,应该提到一些造成精神障碍的社会因素(Cantor-Graae,2005b)。我们假设,这些同样的因素也导致了这批人自杀风险的增加。社会边缘化和安置困难(Bursztein Lipsicas,2010;Clarke,2008)会影响迁移和精神健康恶化之间的关系。失业,资源和安置的不稳定性,学业上、职业上和社会上的挫败也是一些应该被考虑的因素。20 世纪 90 年代初期,在欧洲,失业率在移民中尤其高,我们发现,移民后代的自杀率很高。此外,在人口密度方面的假设表明,移民自杀率与其居住场所的移民数量呈负相关。换句话说,在那些移民少的地区,自杀率较高;而在那些移民多的地方,自杀率较低。

研究者以不同动物模型为依托,研究不同形式的社会压力造成的后果及其机制。为了探索敌对或攻击性的效果,通常使用的一个模型是对社会挫败感的测试,在这一模型中,动物不断面对比自己更大、更具攻击性的人类(Cochrane,1987)。社会不幸、城市化、边缘化、排挤、歧视和消极的种族同化成为移民长期压力的重要来源,这一压力,尤其在社会相互作用的过程中产生。这些因素使移民经历长时间的社会挫败感。

根据涂尔干的理论角度,工作是融入社会的强大媒介。低职业融入度是低社会融入度的风险因素(Paugam,2007)。在对贫困的研究中,社会学家塞尔日·波冈(Serge Paugam)提出了"取消社会资格"的概念,它指"个人与社会之间关系的削弱或断裂,个人失去了社会的保护和承认"(Paugam,2009)。工作状态的恶化和社会关系的削弱造成易感状况,导致一些排斥和侮辱现象。被排斥的人被取消资格,其社会地位恶化。

> "资格取消是对那些不充分参与到经济和社会生活中的人的不信任,他们拥有特殊、低下和被贬低的社会地位,而社会地位是他们身份的标志。"(Paugam,2009)

我们的假设就是,根据波冈的定义,社会资格取消同移民后代的社会状况相呼应。他们的社会地位被贬低、被否认,有遭受侮辱的风险。这些"尚存的年轻人"面临社会融入困难(Dubet,1987)。

> "所以,这些年轻人面临的问题并没有超出社会范围(中略)但是,他们也不在社会内,因为他们在社会中没有任何位置,不被承认,看起来也没有可能获得这样一个位置。"(Castel,1991)

结　　论

　　迁移是一个应激因素,它明显提高了患精神障碍的风险。移民后代比他们父母的风险更大。他们患精神障碍、焦虑障碍、抑郁症、成瘾和自杀的风险异常得高。社会因素起重要作用,在这其中,首先是社会不幸、歧视、边缘化和融入困难。在涂尔干的传统研究基础上,针对移民问题,还可以对自杀、社会融入和社会关系削弱之间的联系进行探究。

第14章
自杀与宗教

菲利普·休格利特,奥尔法·芒德乌

在成长过程中,我们确立了自己的"世界观",它尤其受社会和宗教背景的影响(Josephson,2004)。这一"世界观"是我们的表现(有时确定,有时又怀疑),包括我们为什么会来到这个世界——原因和我们死后的命运。对于后一点,接近90%生活在工业社会中的人认为,人死后还有"来世"(Perkins,2012)。这一"世界观"有时是由个人因素决定的。然而,一般来说,可能自几千年以来,宗教就为我们提供了一个早已形成的观念,从而"指引"着我们的世界观。

"成功的"自杀通向死亡。我们可以很合理地认为,我们的"世界观"对这一行为结果的看法,将直接影响着我们是否决定去完成这一行为。实际上,根据人们对死的理解(死后什么也没有了,死后会进入天国或下地狱)不同,死的方式也会不一样,对这一点无须怀疑。

所以,宗教在许多人的"世界观"中加入了这一意象:人的消失是一次旅行,他们想象着这次旅行的目的。

从更广泛的层面来讲,大部分哲学家认为,人类发明宗教是为了回答那些每个人都会提出的存在问题,宗教使人能够呈现自己死后的状况及其演变。因此,昂弗莱(Onfray,2005)很好地描述了宗教的这一功能,根据他的理论,如果这一功能没有"使世界神经质",那么它就是值得推崇的。孔德-斯蓬维尔(Comte-Sponville,2006)指出,基督徒一般都相信死后还有来世(就像许多其他宗教信仰者一样)。然而,他试图指出,宗教帮助信徒面对亲人的死亡比使信徒安然面对死亡更有效。达尔文进化论专家道金斯(Dawkins,2006)试图利用达尔文的逻辑来描述宗教观念。从这一角度出发,宗教规则是主体自发服从的产物(儿童并不总能理解对他们所施加的规定,自发服从有益于他们的安全)。对于"来世"这一问题,他提出了"构建不合理性"(人倾向于看到自己想看到的,不愿意承认一些具有消极含义的东西)概念。这样的话,宗教就是这一认知特性的产物,从进化的角度来说,是有益的。

所以,一个人的宗教背景很可能在他对自杀行为的选择中起重要作用。在这一章节中,首先,我们将详细地说明宗教如何影响自杀风险。然后,我们将总结对自杀群体的研究。最后,我们将详细阐述几个特定的临床情形。

宗教对自杀的影响

宗教直接或间接影响自杀的机制有哪些?所有大的宗教都禁止自杀。基督教、伊斯兰教和犹太教在这一点上是很明确的。佛教和道教传统通常也反对自杀。然而,某些佛教信徒认为,一旦被佛光照耀,自杀就变得可接受了(Koenig,2012)。而印度教也是反对自杀的,自杀被认为是对生活的回避、是因果报应。

尽管不同宗教几乎一致地反对自杀，但并不排除在某些情况下，宗教会导致自杀。这一趋势，尽管很难用流行病学方面的知识去解释，但却促成了许多不错的研究（Huguelet，2007）。例如，面对生存问题，某些人会选择结束生命，从而进入到他们信仰的宗教所描述的那个完美世界。另一些人如果感到自己的行为与其信仰的宗教价值不符，他们的罪恶感就会增加，从而感到烦恼。还有一些人，面对一些创伤，就会对上帝感到很失望，从而为自己"报仇"。

有时以宗教名义进行的"自杀式谋杀"是一种特殊情况，在本章中不涉及，因为这一类型的自杀并不符合自杀的常用定义。

下面，我们将详细阐释一下宗教信仰和修行影响自杀的不同方式。

心理影响：大部分的企图自杀者都患有精神障碍。绝望是与自杀风险紧密相连的症状。此外，生活中的不利事件通常会加速自杀进程，比如离婚、职业上或金钱上的问题。宗教对离婚具有防治作用。因此，信仰宗教的病人会看到他们的抑郁障碍或成瘾症获得好转（Borras，2010）。这一影响通常通过宗教对心理的治疗（Pargament，1998），也就是说，个体利用宗教来面对考验。

社会作用：社会孤立和缺乏支持是主要的自杀风险因素。大部分的研究显示，进行宗教活动的人，能够享受教友更多的支持。

对行为的影响：大部分的宗教都禁止毒品和酒精滥用。而这些成瘾问题通常都与自杀风险的增加有关。研究显示，宗教情感和毒品吸食或饮酒呈负相关。

对身体健康的影响：那些受慢性疾病或身体残疾折磨的人更有可能自杀。那些信仰宗教的人，就像前面提到的一样，饮酒、吸毒或吸烟的可能性更小。此外，他们通常信仰一种健康的生活方式。这就是为什么对宗教的长期信仰可以通过其对健康的影响间接地预防自杀。

宗教与自杀之间关系的研究

在一定程度上,宗教对自杀风险的影响机制可以被简短地描述如下:

凯尼格及其合作者对宗教和自杀的相关性进行了研究(Koenig,2012)。首先,从所回顾的45篇文章中可以看出,宗教情感对自杀风险的影响并不具有决定性。现存约150项研究试图揭示宗教和自杀率之间的关系。在凯尼格及其合作者看来,54%的研究可圈可点。这其中3/4的研究都指出,对宗教越是虔诚,对自杀的态度就越消极,自杀企图或自杀达成就越少。这些学者认为,其他的研究之所以没有指出宗教和自杀率之间的相关性或正相关性,主要是因为方法论不完善或得出了某些宗教信仰人群自杀风险升高的结论,特别是由于以上所描述的机制(对更好生活的向往、因违反宗教准则而产生的负罪感、在面对严重的丧失或精神创伤时对上帝产生的愤怒感)。

特 殊 情 况

宗教自杀和情绪障碍

众所周知,自杀是抑郁障碍的一个并发症。反之,回顾之前的研究显示,近90%死于自杀的人,在自杀时都曾患有精神障碍(其中包括抑郁症)(Cavanagh,2003)。因此,除上文提到的影响宗教与自杀之间关系的因素之外,我们有理由认为,宗教通过作用于抑郁症状本身而对患者的自杀风险施加影响。在一项针对10万人的研究中,史密斯及其合作者(Smith,2003)指出了宗教情感和抑郁症状之间的相关性,即宗教情感越深,症状就会越少。这一结论不受性别、年龄或种族等因素的影响,但受近期所遭受压力的制约。这一相关性较弱($R=-0.10$)。先不谈方法论问题,这种相关性应反映出宗教的双重作用:宗教在某些情况下对抑郁症患者起到保护作用(在"压力 vs. 保护因素"模型中),但在其他情况下,它会加重抑郁症。因此,从上文中我们看到,宗教可以提供一个保护框架,比如通过社会联系或通过一些仪式(祈祷、冥想……)。相反,在另一些情况中,它可能会使抑郁症患者深感苦恼,比如,会产生负罪感。

所以,有于抑郁症和宗教之间关系的研究表明,宗教未必一定能够帮助处于抑郁状态中的人。就像临床医学一样,每一种情况都要去核实,用特定的方式去理解。那些能够帮助理解宗教对抑郁症和自杀作用(积极的或消极的)的因素如下:

● **社团因素**:宗教可以帮助个体生活在一些宗教社团中,然而,在那些不太接纳宗教的文化中,对宗教的求助会遭到同伴的抛弃。

● **宗教因素**:宗教信条给个体提供的资源会根据教义的不同,带来一些积极或消极的影响(比如:负罪感)。

● **压力类型**:同抑郁障碍有关的"精神"压力(物质滥用、夫妻问题、意外怀孕等)获得宗教团体帮助的可能性比较小,反之,那些遭受非精神折磨(身体疾病、社会地位丧失、经济问题等)的抑郁症患者更有可能从宗教中获得帮助。

- **认知风格**：每个人会以自己的方式利用或不利用宗教；这是由他们的人格特征决定的。

慢性身体疾病、绝症

慢性身体疾病会带来痛苦、精力丧失、残疾、家庭和社会职业角色的改变。它对一些生活目标造成障碍，使人对"今后"产生焦虑。因此，在这样的情形下我们经常会看到个体失去对生活的信心。实际上，近半数患有严重慢性疾病的人都会表现出一种抑郁状态。他们很少被送往精神病医院（Koenig, 2007）。当人患有严重疾病的时候，宗教会起积极（自杀风险降低）或消极（负罪感增强、不恰当的宿命论）作用。在一项针对835名平均年龄在73岁的美国人的研究中（Cook, 2002），被动自杀观念（渴望死亡但没有积极行动的计划）与抑郁症状的严重性有关，同时也与他们对宗教的利用率低有关（也就是说，在面对困难的时候，不使用或限制使用宗教）。主动自杀观念与对生活的低满足感以及对宗教的低利用率有关。

这一宗教与自杀观念的负相关也同样体现在那些患有晚期癌症的病人身上。一项发表在《柳叶刀》上的研究显示（Mclain, 2003），在生命终结时，"良好的精神状态"可以防止绝望，同时，自杀观念也会减少。在研究的所有变量中，"良好的精神状态"是最强大的预测因素，甚至比抑郁的严重性还有效。

在安乐死这一备受争议的领域内，卡特尔及其合作者（Carter, 2007）通过对一些肿瘤病人的研究发现，74%信仰宗教的病人不赞同安乐死。

自杀与精神障碍

和固有观念相反,那些患有慢性精神病的人更有可能积极地利用宗教而不是去控制个人的病情,因为宗教可以使他们重新找到生活的意义,使他们参与到社会群体中(Mohr,2006)。尽管某些病人表现出异常狂热,但我们也没有理由认为宗教主要起消极作用,例如在某些情形中,某个狂热分子也可以积极地利用宗教(Mohr,2010)。最后指出一个特殊情况:宗教带来的幻觉可能暗示或导致自杀行为,但是只有很少一部分的幻觉会加速自杀行为(Huguelet,2007)。

对患有慢性精神病的人和未患此类疾病的人在宗教利用方面的研究显示,对25%的人来说,宗教具有保护作用,而在11%的病人中,它可能会增加风险(Huguelet,2007)。对一些病人的访谈定性分析的结果显示,宗教被用来应对绝望,会给人重新带来生活的意义,某些病人对自己所信仰的宗教有关禁止自杀的戒条非常敏感。不足为奇,宗教的促进作用与同上帝生活在一起的愿望或对死后更好地生活的期望有关。有些病人渴望死亡,是因为他们对上帝的愤怒或信仰丧失。最后,某些病人试图自杀,是因为他们与宗教团体关系的破裂。尽管同幻觉相关的自杀行为看似很少,但有研究显示,一小部分病人因为自己对宗教的异常狂热而渴望死亡。

宗教和犯人的自杀行为

自杀在监狱中无处不在。犯人的自杀率是普通人的14倍(Shaw,2004)。监狱中的自杀风险与精神疾病、绝望、药物成瘾和监狱环境（迫害、他人攻击、活动缺乏、卫生条件差……）有关（Annaseril,2006）。许多学者指出，宗教信仰可降低自杀风险，它给予犯人一个动力，帮助他们忍受困难和孤独，改善自我形象。从这一点来讲，许多监狱中都设置了宗教活动项目，从而缓解监禁对犯人身体上和精神上的折磨，为犯人提供一个话语空间（Dammer,2002；Kerley,2009）。

那些参与宗教活动的犯人产生抑郁的概率，比那些不参加宗教活动的犯人明显低。同时，他们产生暴力行为和攻击性的概率、受伤以及违反监狱规定的概率也更低（Allen,2008；Levitt,2009）。

在一项针对法国某个拘留所的犯人的研究中（Mandhouj,soumis），我们发现，50％的犯人认为修行是他们对付监禁和应激事件最重要的手段。四分之三的信徒（不论他们属于哪一教派）都认为，宗教信仰可以预防自杀。

有信念、生活有意义、内心的平静和强大的精神力量可以防止犯人自杀。通过对犯人精神状态中反映出的宗教方面的资源进行评估，这些数据是非常具有说服力的。这是为了帮助他们利用这些资源，去应对自杀观念、监狱中的困难和出狱后的重复犯罪。

结　　论

我们简单描述了那些数不清的、关于自杀与宗教之间关系的病理研究。此外，定性研究在解释每个病人经历的特殊性方面具有比较优势，同时，与我们日常生活中面对的临床医学相联系。

考虑到之前的研究，在自杀风险的精神评估中，宗教和精神背景在我们看来成为必不可少的因素。这是因为：

（1）面对这一风险,宗教可以提供一个保护框架;

（2）有时,某个病人的宗教情感可能会提高自杀风险;

（3）病人对自己死后情景的呈现必然会影响他结束自己生命的决定。通过了解一些精神病人对自己死后情景的描述,我们发现,宗教以不同的方式影响每个病人的生活及其可能作出的自杀决定。

第 15 章
自杀与社会环境：医生，被忽视的自杀人群？

洛朗斯·科沙尔

2010年以来，多起医生自杀事件被曝光：一个年轻的蒙彼利埃麻醉师因为一个医疗失误而被质疑，而后死亡；紧接着几个星期之后，旺代省发生了一起家庭悲剧：一个内科医生因为抑郁和工作超负，先杀死全家，而后自杀。还是在2010年，斯特拉斯堡一位女医生自杀；2011年夏天，一个已为人父的实习医生，为了摆脱急救中心令人难以忍受的看管，跳窗自杀。尽管这些悲剧在新闻上被大量报道，但大部分的医生自杀都不为大众所知，而且，在医学界，这是一个禁忌话题。

近几年来，发生在企业里的一系列自杀事件引起了人们对社会心理风险和工作痛苦的关注。那些医护人员难道也受这些问题的困扰？他们是否受到关注？医生的特殊地位是否允许他自由地表现出自己的不适与易感性？近几十年来，社会环境和医学界的变化是否对这些自杀负主要责任？是否能够为这些死亡找到一个共同的名称？这些有自杀倾向的医生有哪些典型特征？有哪些治疗措施？

医生自杀行为在法国和国外的多发性

首先，需要指出的是，在法国，有关医生自杀的可信数据很少。现存统计数据并不准确。有几个原因可以解释这一点：死亡证书上，死亡原因的错误归类（将自杀列入其他类型的死亡中或将其标注为"原因不明"）；医生的不同甚至是混合身份（自由职业医师、私人医院医生、公立医院医生），使依据社会保险类型的统计变得复杂；家属隐瞒不报（害怕对保险造成影响、害怕被不公正对待、保护家人）。当前，对于这些可能与职业活动直接有关的自杀，除了媒体的有关报道或那些被认定为工伤的案例之外，几乎不可能了解它们。而且，分析这类自杀需非常谨慎，因为它们通常是由多种因素造成的，应该使用监测系统，进行系统的心理剖析。

尽管存在这些限制，但这是多年以来就明确的事实：医生的自杀率比普通人群要高（Schernhammer，2004）。

我们还记得，在法国工薪阶层中，医护人员和社会工作人员的自杀死亡率最高（34.3∶100 000，而普通人群的自杀死亡率是33.4∶100 000）（Cohidon，2010）。

2003年，利奥波德为法国国家医学会（CNOM）做的研究证实了法国医生的高死亡率（Leopold，2003）。据统计，五年里，42 137名医生中，有492人死亡，其中，69人死于自杀。14%的自杀率与同年龄普通民众5.9%的自杀率形成鲜明对比（Leopold，2003）。2008年，法国退休医生自治银行（CARMF）和CNOM决定利用发给每个家庭的匿名调查问卷,建立一个自由职业医生死亡观察站。在统计方面迈出的第一步指出了收集数据的一个重要方法。2009年,经过一年的观察,8%的自杀得已记录(Colson,2011)。

这一风险在男性和女性身上是不一样的。2004年的一项研究显示,男性医生的自杀风险是普通人群的1.41倍,而女性医生的自杀风险则是普通人群的2.27倍(Schernhammer,2004)。

在美国,一项针对4 501名女性医生的问卷调查结果显示,19.5%的被访者表示,她们与普通民众有着类似的抑郁症状。相反,只有1.5%的被访者表示曾有过自杀企图。这比美国普通民众的自杀企图率要低(2.9%),比普通女性的更低(4.2%)(Frank,1999)。所以,女性会有更少的自杀企图和/或更多的自杀达成行为。这一现象令人感到担忧,因为近几年来,越来越多的女性,尤其是年轻女性进入该职业领域(CARMF,2012)。为了解释这一现象,有几种可能性:除了工作,女性还要承担家务的重担;骚扰;很难担任要职。

(未来)医生自杀风险的增加可能在医学院就存在(Hampton,2005),但是,研究结果并不一致(Hays,1996)。

医生的自杀方式

英格兰和威尔士的医生的自杀方式在1979年至1995年被研究过。57%的医生(包括退休医生)使用药物自杀,而普通民众的比例为27%。最常用的是巴比妥类药物。50%的麻醉师会使用麻醉药物(Hawton,2000)。同时,大部分澳大利亚医生会借助药物的静脉注射(Austin,2013)。

因此,首先要限制那些患有抑郁症或被认为有自杀风险的医生自主开药的权力,并禁止他们接触一些致命药物。

医生与精神疾病

医生自杀的主要因素并不一定与工作条件有关。首先,他们可能患有某些精神疾病和/或成瘾症(Austin,2013;Frank,1999;Hampton,2005)。那些年轻的医生是最易感的(Brooks,2011a;Tyssen,2002)。压力、过度疲劳和抑郁困扰实习医生,造成多种后果(Thomas,2004)。

2009年,17.14%的医生能够享受到CARMF的日常补贴,前提是他们因某些精神障碍或行为障碍(肿瘤疾病占34.09%)而停止工作超过3个月。大部分享受CARMF补助的医生都患有精神和行为障碍(39.76%)。自2007年以来,精神疾病的数量首次出现了减少的势头(CARMF,2011)。2008年,法国研究、科研、评估和统计局(DREES)对一些内科医生的研究显示,10%的人患有精神疾病(根据地区的不同,概率在10%—17%之间波动),女性是男性的2倍。尽管如此,与所有的从业人员相比,除了那些年龄在45岁以下的女性医生(这类人群患病的可能性更大)以外,医生患精神疾病的可能性较小。2%—4%的内科医生曾有过自杀的想法或自杀计划。这些想法并不随着年龄或工作地点的改变而变化,但是这一想法在那些独立工作的医生中出现得更频繁。女性医生比男性医生更频繁地服用抗焦虑或抗抑郁的药物,这在女性医生和全体女性公民之间没有明显的差异。相反,不管年龄怎样,内科

医生比普通大众在过去12个月中更频繁地摄取抗精神病药物。在大部分情况下，他们自主开药或自我诊断(DREES,2008)

据美国研究显示，10%—12%的医生在其职业生涯中都会对某一药物上瘾，这一比例同普通美国民众齐平或略高。这类医生通常是麻醉师、急救医生和精神病医生(Berge,2009；Gold,2005)。从住院实习(Hughes,1992)开始，他们就摄取一些与自己专业相关的药物，同时，摄取毒品的医生有较高的自杀风险(Gold,2005)。麻醉师更有可能对类吗啡药物上瘾(Gold,2005)。他们对此类药物的依赖迹象很隐秘，难以被察觉，而且，这一职业领域长时间受到保护。当一名医生对他同事的行为心存怀疑时，与其谈论这一问题是很棘手的，一般都会选择漠视或否认自己的怀疑。然而，后果可能是很严重的，包括对病人的治疗质量、医生自己的健康、他的家庭生活以及与此相关的其他一切潜在风险(Berge,2009)。

在这些数字基础上，我们可以得出，相当一部分的医生都感到不适，并且患有精神疾病。

职业枯竭与自杀风险

马斯拉什(C. Maslach)和杰克逊(S. Jackson)将职业枯竭定义为"从业人员身上表现出的情感疲乏、人格解体和个人工作效率降低的综合征"。这可以借助调查问卷"职业枯竭量表"(Maslach Burnout Inventory, MBI)来评估(Maslach,1986)。

研究显示，10%—50%的医生会出现较高频率的情感疲乏或人格解体。在特吕绍的研究中，香槟-阿尔登地区的医生出现较少的情感疲乏或人格解体(Truchot,2002)。

实习医生的抑郁和职业枯竭之间存在相关性（Shanafelt，2002），所以他们存在自杀风险。一项针对 4 000 名美国医学实习生的研究显示，职业枯竭和自杀观念之间存在相关性，这些观念与抑郁症状无关。一年内，那些不再职业枯竭的人拥有自杀观念的概率同那些从没有经历过职业枯竭的人齐平（Dyrbye，2008）。

许多与职业枯竭有关的因素由不同的学者发现：面临死亡和痛苦；工作负担及其对身体状况、家庭生活、休闲时间等方面的影响；工作的组织方式（任务中断、角色混乱、团队工作）；缺乏活动控制；与病人的关系恶化和医生地位的改变；经济或行政方面的限制；对医疗风险的恐惧。这些因素由一些性质不同的研究提出，或研究对象不同，或研究方法不同，所以，从这一点上来讲，这些研究的影响是有限的。

所以，发现并关注医生的职业枯竭及其风险因素，是否可以减少他们的自杀风险和痛苦，还需要做进一步的研究。

具有自杀风险的医生典型

这可能是某个 45 岁以上的女性或某个年龄在 50 岁以上、离婚的、分居的、单身的或遇到夫妻问题的白人男性。风险因素可能是一些精神障碍症状（尤其是抑郁症）或精神障碍前科（抑郁、焦虑）、身体症状（长期的痛苦、身体长期瘫痪）、过度饮酒、吸毒、工作狂、过多的风险行为。职业方面的催化因素有：地位改变或地位、自主性、安全、个人财务稳定性受到威胁，近期灾祸或职业苛求增多。最后，最大的风险因素是接触一些致命的手段（药物、武器）（Center，2003）。某些专业人士自杀风险更高，比如：麻醉师、内科医生和精神病医生(Hawton,2001)。

所以,这里涉及多种因素,既有个人的,也有职业上的,尤其涉及精神疾病方面的问题。

法国对这方面的关注度普遍上升

数年来,医生工作上的疲劳和自杀风险得到了越来越多的分析,年轻一代尤其关注这些问题。当我们在网上查阅高校校际健康图书馆(Bibliothèque Inter Universitaire Santé)的博士论文资料库时,有超过50篇的医学和牙医学博士论文研究实习医生、医生(内科医生、急诊医生、肿瘤专家、减缓症状的治疗医师、麻醉师-重症监护工程师、老年病医生)或牙医(关键字:职业枯竭[burn out,burnout]、工作疲劳)的职业枯竭(可查询网址:www2.biusante.parisdescartes.fr/theses/theses_rech.htm)。为什么实习医师会对这一主题如此感兴趣?难道是因为他们自己或他们的同事正在遭受痛苦?他们对自己的未来担忧吗?在实习期间,他们是否遇见过一些令他们担心的、看破尘世的"前辈"医生?然而,很遗憾的是,这些极其丰富的研究并没有被公开发表,公开出版会使这些研究结果得到更广泛的传播。而且,还可以对这些研究做一个总结。实习医生协会和工会也关注这些问题。一项针对肿瘤科实习医生职业枯竭的研究已经得以出版,并在欧盟大会上被介绍(Blanchard,2010)。一名医院实习工会成员已经出版了一本关于改善工作条件和预防职业枯竭的小册子(ISNAR-IMG,2011)。

近几年,一些自由职业医生或工薪阶层医生也对这方面做了一些研究(SESMAT;Truchot,2002)。对比这些不同研究结果是很困难的,因为这些研究并不是按照同一方式分析它们的结果,也没有使用同一版本的 MBI,研究对象也不同。

缓解工作疲劳、抑郁症以及预防医生自杀的困难

且先不谈治疗困难,单从诊断方面来看,就存在很多困难。面对这类问题,医生们通常选择沉默。通常,这涉及一种"走廊式诊断",有时,一些同事可能会察觉到同事的疲倦、不适,但是,他们并不会去和同事谈论这方面的问题。这样就更增加了对正经受痛苦的医生的诊断难度。有时,职业枯竭的医生会进行自我诊断,但治疗手段并不恰当,有时,过度的治疗热情甚至会增加疲倦感。

对一个医生来说,很难转向自己的同事去寻求他所需要的帮助,因为他经常会遭到拒绝,所以,寻求自我治疗或饮酒看起来比咨询更自在。当他决定去咨询时,所接受的治疗手段并不总是恰当的,有时甚至可能酿成悲剧,就像一份描述一个麻醉师治疗过程的临床案例所报告的那样(Hendin,2003)。被咨询的医生对待同事("医生-病人")的方式同对待一个普通病人的方式并不一样,而这个同事也并没有把自己放在"病人"的位置上(诊断影响、干预治疗、并不完全言听计从、自我医治、拒绝停止工作或住院医治)(Lamarche,2011)。这其中还存在金钱上的问题:被咨询的医生通常不会收费,因为这涉及的是一位同事,这就导致了这位同事不会经常性地去咨询。"医生-病人"为了不打扰自己的同事,会尽可能减少咨询次数。

所以,对医生实施治疗的困难很多。在一项美国的研究中,医

学院只有22%患有抑郁症的学生曾咨询过医务部门,仅有42%曾有过自杀想法的、患有抑郁症的学生接受过治疗。这些困难包括:时间和信任感缺乏、害怕受到侮辱、经济开销、害怕记录到学校档案中或不希望被干预(Givens,2002)

所以,最好是那些经过专业训练的团队对这些非常规病人进行治疗(Brooks,2011b)。

干预与预防

应采取不同的干预来应对医生的这些特殊问题。不同学者已经提出过一些具体建议。尤其是2002年,美国的一个专家团队提出了一些建议,从而预防自杀和识别那些妨碍治疗患抑郁症的、处于痛苦状态中的医生的因素。这些提议既面向医生,也面向相关机构(Center,2003)。

在国外,不同方案也得到实施。魁北克协助医生方案(PAMQ)自1990年设立,也是针对学生和医学实习生(PAMQ, www.pamq.org)。在卡塔卢尼亚地区,全面关注患病医生方案(PAIMM)是一个协助患有精神病或依赖症医生的机构,由医学会创立于1998年(PAIMM, www.paimm.fgalatea.org/fra/filosofia.htm)。在伦敦处于痛苦中的医生可享受MedNet项目(www.londondeanery.ac.uk/professional-development/professional-support-unit/mednet)。此外,某些地区的职业道德规定,必须要"指出"那些具有精神问题或成瘾问题的同事,以便迫使其接受治疗,就像在卡塔卢尼亚地区一样;在美国,如果不及时指出有此类问题的同事,会受到惩罚(Hampton,2005)。在法国,在没有对职业道德规定做出改变的情况下,当前我们并不需要指出某个患病的同事或强制他接受一些治疗。

在法国,面对这一形势,一些协助和治疗机构已经建立或正在发展过程中。因此,自2005年6月以来,专业协助自由职业医生协会(AAPML)建立了一个电话协助机制,以帮助那些在从事职业活动的过程中,有精神方面困难的自由职业医生(AAPML, www.aapml.fr/)。CNOM和CARMF共同创立了推动医生治疗协会(APSS),督促那些医生-病人签署《治疗协议》。目前,5个接收处于精神痛苦状态的医生的专业机构即将问世(APSS, www.apss-sante.fr/)。"M.O.T.S"协会(医生健康工作组织)为南法-比利牛斯和朗格多克-鲁西永地区医生建立了一个跨区域平台。一个简单的电话号码就可以使求助医生找到一个健康方面的专家,后者在尊重病人隐私的情况下,对其进行检查,并提出一些具体方案(2012)。在诺曼底、罗纳-阿尔卑斯以及贝藏松地区,人们也进行过这类试验。这些创举很有益处,它们表明,人们开始承认医生的痛苦。尽管如此,我们还是对相关信息的缺乏感到遗憾,这就使得这些机构很少被那些压垮了的、正在寻求帮助的医生所了解。一个仅仅是由于过度劳累而不经常阅读医学会或医学报刊通知的病人,会很难找到相关信息。还需考虑到其他一些措施,如为自由职业医师建立工作医学平台或在网上设计一些自我评估调查问卷(抑郁、成瘾症、过度疲劳)。

很难知道医学院是否提供一些个人培训或支持。那些医学院的学生、见习医生和住院实习医生经常被大学预防机构和工作医师所遗忘,然而,后者应该参与到这一预防和识别任务中。应该督促学生照顾自己,关注自己的健康,对他们在精神疾病和成瘾症领域进行更好的培训,增强他们在职业风险识别(Center,2003)、控制压力及提高交流技巧的方式等方面的意识。(Blanchard,2010)。为什么不把这些问题加到为学生制定的官方指导纲领中呢?(Lefebvre,2012)

结　　论

多年来,自杀率和医生工作的职业枯竭就曾受到关注。一些互助试验和治疗机构已问世。然而,这些创举看起来并未足够为医生所了解,预防手段也未被加入方案中。而且,它们并不直接针对医学院的学生,尽管他们能够接触到其中某些举措。最后,明确统计那些自杀医生案例并进行心理剖析,识别那些存在风险因素的医生,这应该在全国内得到实施。因为,很不幸,"医学可能会对医生的健康有害",这一点,从大学时期就已显现(Cauchard,2011)。针对他的四个同事在同一年自杀这一情况,舍恩拉梅在文章中强调,应该"建立一些措施,进而帮助医生从行动上达到'救人先救己'这一最高职业境界"。(Schernhammer,2005)。

第 16 章
治 疗

法比耶纳·西普里安,埃米莉·奥里耶,菲利普·库尔泰

数十年的科学探索建立了自杀易感性的基础,从此自杀行为成为一个独立的疾病类型分支。在药物领域,众多的科学研究表明,抗情绪障碍的锂盐可以预防自杀。这些结果激发了对其他精神药物预防自杀的潜在兴趣,以及对它们对"攻击冲动性"行为有效性的评估,而这一行为特性是自杀易感性的表现。其他一些非药物策略也同样有效。最后,对临床研究方面的改革也在计划中,使用严谨的方法,既考虑到伦理准则,也考虑到对病人进行治疗的必要性。

对自杀风险的药物学探讨

抗抑郁药物

通过心理剖析所做的研究指出,70%的自杀者患有抑郁症,而他们中的大部分人都没有接受过这方面的治疗。因此,可以很合

理地想到，对抑郁症的治疗，即对所有抑郁症患者开抗抑郁药物处方，可以降低法国的自杀死亡率(Cougnard,2009)。全世界数项药学-流行病学研究都指出了这一作用。2000 年，伊沙克松(Isacsson,2000)做了第一项这方面的研究，并指出，在斯堪的纳维亚半岛地区，随着有关抗抑郁药物处方数量的增加，自杀率也随之降低。相关抗抑郁药物处方数量增加 3.4 倍，自杀率就降低 19%。然而，在 2000 年，一项关于抗抑郁药物导致自杀风险的评论，使得许多国家的官方部门开始限制对抗抑郁药物的使用，尤其是儿童和年龄小于 25 岁的年轻人。然而，几个与自杀风险定义相关的要素(除那些对具有最高自杀风险的病人的试验之外，对自杀风险没有特定的评估，主要是通过主观判断等)，使得人们开始讨论这些通过对随机试验分析而得出的结果的失真问题。此外，哈马德的相关分析显示(Hammad,2006)，根据这些研究使用的抑郁自杀等级量表，与安慰剂相比，抗抑郁剂提高自杀率的作用消失。吉本斯对抗抑郁剂进行随机研究并对其进行元分析(Gibbons,2012)，他并没有发现自杀观念或自杀行为在氟西汀或文拉法辛的作用下增加。所以，我们应该怀疑那些关于抗抑郁药物导致自杀风险的推断，同时，我们也不能否认在某些极少的情况下，抗抑郁剂的摄取会增加自杀观念或提高自杀风险。这一点通常是由于对一些年轻人的双相障碍诊断无知造成的，医生直接给他们开一些抗抑郁剂，而不是一些调节情绪的药物。数项针对接受抗抑郁药物治疗的抑郁病人的临床研究发现，3.2%—17%的人会产生自杀念头，尤其是在开始治疗后的 2—5 周。还存在一些自杀企图或自杀达成。某些因素可以预测自杀念头，主要有抑郁的严重程度(症状的严重性、自青少年时期就开始等)、与自杀风险有关的一般特征(年轻、物质成瘾、人格障碍、自杀企图先例等)和抑郁症的加重、对抗抑郁药物没有反应或初期没有获得改善。最后这一点指出了尽可能有效地治疗抑郁症的必要性,识别有害的环境因素和自杀行为的易感性因素。对于抗抑郁剂的选择问题,12项研究对5-羟色胺和去甲肾上腺素在抗抑郁方面的作用进行了对比,并指出,它们在这方面只有类似的作用,但5-羟色胺抗抑郁剂在防止重复自杀(尤其是对人格障碍患者)、攻击性以及改善社会关系方面更有效。

心境调节剂

通过观察研究和分析得出的有力数据显示,预防自杀的药物中涉及锂盐。根据这些数据,锂可以预防患有双相障碍(Cipriani,2005)、抑郁症复发或分裂情感性障碍的病人自杀或企图自杀(Baldessarini,2006)。一项针对曾有过自杀企图并接受锂治疗至少一年的人的预测研究显示,锂盐使企图自杀率下降1/6,而自杀率下降1/24,同严格意义上的心境调节剂的作用无关(Bocchetta,1998)。最近的一项研究在对社会人口因素进行调整之后指出,饮料中的锂含量同自杀死亡率呈负相关(Kapusta,2011)。相反,锂治疗的停止,尤其是突然停止,会导致自杀率上升,在停止后的第一年,自杀率会提高20倍,之后,自杀率又会与治疗之前持平(Tondo,2000)。所有研究显示,在使用锂治疗之前和中断之后,双相障碍病人的自杀患病率和死亡率比治疗期间都高(Bocchetta,1998)。

抗惊厥剂方面的数据更不一致:有些人认为,它对自杀行为有预防作用,与锂是一样的(Oquendo,2011);另一些人则认为,服用这类药剂的人的自杀风险是那些接受锂治疗的双相病人的 2.7 倍(Goodwin,2003)。

抗精神病药物对双相病人自杀风险的调节作用并不明显。现有数据,包括来自 STEP－BD 研究的数据并没有显示出这一药物的预防作用(Ulcickas Yood,2010；Yerevanian,2007)。在精神分裂领域,氯氮平可预防自杀行为,这是第一个预防自杀的商业化治疗手段(Meltzer,2003)。

在开具精神药物处方的过程中,维度论占中心地位。从这一角度来说,对攻击性-冲动性的药物治疗首先是对自杀行为的治疗。锂已经显示出它在治疗这一方面的有效性,独立使用或与抗惊厥药物、非典型抗精神病药物相结合。同样地,抗惊厥药物也在这一方面发挥作用,尤其是拉莫三嗪和丙基戊酸钠。最后,美国精神病协会(APA)提出了一些有利于阿立哌唑、奥氮平、喹硫平的论据。

其他

当前,另一个治疗自杀风险和情绪障碍的方法涉及氯胺酮。迪亚兹·格拉纳多斯在 2010 年(Diaz Granados,2010)对 33 个患有抑郁症和具有高自杀风险的病人做了研究并指出,对他们进行氯胺酮注射 45 分钟之后,他们的自杀观念几乎消失,这一状态能够持续 4 个小时。这一结果为抑郁症自杀者开发了一种有效的治疗手段。

预防自杀的有效策略

在过去的 20 年里,自杀这一人类悲剧推动了国家或世界卫生组织预防方案的研发。自20世纪90年代以来,在那些自杀率曾经非常高的地区(英国、匈牙利、斯堪的纳维亚半岛),自杀率的下降表明,有效的预防是可能的。

在瑞典的哥特兰岛开展的针对历史模型所做的研究是最成功的,研究者指出,药物治疗可以降低自杀率。在首例研究中,医生接受专门培训,以期提升他们在识别、诊断和治疗抑郁症方面的能力。在培训结束时,自杀率降低,抗抑郁药物处方增加,住院率、停工率、苯二氮䓬类和安定药的使用率降低(Rutz,1989)。这些培训计划的有效性也在德国、匈牙利、日本、斯洛文尼亚和瑞典的研究中显示出来。这一有效性只持续4年左右的时间,对医生进行重新培训后,效果又会重新显现。这一点有利于一些机构如医学继续教育机构(FMC)(Rihmer,1995)、职业行为评估机构(Szanzo,2007)等的发展。

一些乐观的结果出现在对不同精神病治疗手段的评估中,包括对边缘型人格障碍患者的抑郁症、自杀观念和自杀企图的治疗以及对重复自杀的预防。这些治疗无论涉及的是认知行为疗法、问题解决疗法、人际关系疗法,还是辩证行为疗法和短期精神动力疗法,都改善了病人对生活中应激事件的反应,增加了他们活下去的理由,并强化了他们的治疗意识。但这些治疗手段不能被无限推广,同抗抑郁药物一样,它们并不是治疗精神疾病的万能药,不能完全消除自杀风险(Bridge,2005)。

另一个预防手段在于治疗的连续性,对患者进行长期系统评估(Kapusta,2011),包括及时中断治疗(King,2001)。挪威机构建立了一个治疗网络,暂时缓解治疗分散和中断方面的困难:在这个国家,建立了一些跨学科的"治疗链",继续对出院后的企图自杀者进行治疗。在那些受益于这些机构的地区中,逃避治疗和重复自杀的现象减少(Mann,2005)。

加强对大众的教育也是预防策略之一。尽管我们对此期望很多,但迄今为止,公众教育运动对自杀率的减少并没有效果(Mann,2005)。如果这些教育方案针对一些目标人群,且传递的信息易懂,那么它们可能是有益的。因此,一些国家预防方案通常将重点放在对第一线医生或"看门人"的教育上,即那些所有在从事职业的过程中能够遇到一些易感人群的人。这些干预手段培养他们识别高风险人群的能力,并将这些风险主体恰当地向评估和治疗机构引导。现今的评估方案都是由一些专业的评估机构制定的,它们显示,自杀率降低(Knox,2004)。在继续识别风险个体的过程中,识别那些不同年轻人的抑郁症、自杀想法或自杀行为的行政机构表现出了它们在识别自杀高风险人群中的作用。同时,地区医生的自杀风险识别策略扩大了治愈抑郁症的范围,降低了自杀率。诚然,这些识别自杀风险的手段应该与治疗相结合。现在最有效的另一个大众预防手段,在于阻止他们接触致命自杀手段,比如:对城市中的尾气除毒、对巴比妥类药物处方和销售的限制等。很显然,当某一自杀手段在某一指定的场合使用时,那么,限制对这些手段的接触,是一项很恰当的措施。最近的一个例子来自奥地利。在这个国家,对欧盟法律有关武器方面规定的采纳造成自杀率的减少(Kapusta,2007)。最后,媒体在对大众的教育中起主要作用,从而改变那些偏见,抵制对自杀和精神障碍的讽刺。然而,这些媒体也会带来消极影响,比如以一种很浪漫的方式陈述某个名人的自杀。因此,首先应该控制媒体将自杀正常化或促发自杀的风险,而后再考虑可能的媒体干预手段。对互联网也是一样的,因为网络上并不总是出现预防自杀的信息。

自杀学中的临床研究和改革设想

尽管某些人对此持有保留态度,但自杀学中的最大挑战之一仍然是对新的治疗策略的评估。研究方法必须严谨,因此在使用安慰剂时,应该包含某些特定的方法。氯氮平能够防止具有自杀观念的精神分裂病人自杀,在对其作用进行评估的一项研究中,每次探望都借助量表和谈话方式对自杀风险进行系统评估;为了避免失去任何机会,一个监督发生在病人身上不同事件及病人安全的委员会已经建立。研究还包含一个"急救箱",以应对病人不配合研究或一些重大事件,包括识别即时自杀或高自杀风险的工具和准则。在相关临床医师缺乏足够经验的情况下,他们可以求助于一个有经验的救援团队。另一项研究(Oquendo,2004)包含了6个降低病人自杀风险的策略:将自杀行为的选择作为主要的判断标准;不使用安慰剂;让家庭和周围的人参与;以研究为目的的近距离探望并增加检查时间;为了避免病人跳出研究圈子,住院地点设在研究单位;计划对中间阶段的统计数据进行分析。按照这一原则,针对精神病治疗方法或机构干预手段的临床研究方法同药物策略研究方法没有什么大的区别,只有一点不同:由于一些伦理方面的原因,药物策略不能没有"安慰剂",即不能没有治疗手段。还可以选择将一个治疗策略与普通治疗方法作对比,布朗及其合作者(Brown,2005)在认知行为疗法对预防反复自杀的有效性的随机研究中就使用了这一方法。

结　　论

　　治疗和预防自杀风险的可能性已然显现；在这一领域中，临床研究是可能的，它应该得到鼓励。技术进步使人们对自杀行为有了更进一步的了解，同时，应继续学术研究，从而发现药物治疗手段以及临床和非临床标记，从而促进预防策略的发展。此外，还应具备一些有效的测量手段，使得精神疾病也如血压、血胆固醇含量一样可以测量。

第 17 章

组织治疗

吉约姆·维娃，万森·雅尔东，克里斯托夫·德比安，
弗朗索瓦·杜科洛克

组织自杀企图的治疗需要丰富的资源，应该完全符合一个人自杀行为的多种表现。现有丰富的手段和机构，但在法国各个地区分布并不均匀。在这一章节中，我们将阐述一次组织过程的主要阶段，我们认为它们是最佳做法。

组织试图自杀者"就医"

为了开展治疗，首先应该对这一举动进行医治，这可以部分确保病人同之前的背景断绝。据估计，在10%的企图自杀者中，其周围亲近的人试图自己处理，甚至都不询问治疗医师；20%的企图自杀者没有在医院急诊科接受医生的治疗。依据北部省第15中心数据，在接到呼救时，30%的企图自杀者之前从没有去过急救科（Vaiva，2011b）。

组织接待企图自杀者及其周围亲近的人

急诊部门……一个不容错过的约会！

多年来，急诊对自杀问题并没有给予足够重视，这主要源于其在两方面的忧虑：担心病人的身体会受到损伤，鉴于病人的特殊性，这方面的担心完全是可以理解的；害怕造成法律后果，因此他们都会建议将病人放在特定场所医治。尽管这一立场在今天看来得到很大缓和，但此前急诊部门缺少专门应对机制，以接待急性精神病发作的病人，特别是有自杀问题的人。这样看来，这一立场是可以理解的。不久前（可能自2000年HAS的建议发表起），这一状况得到很大改观，计划建立"精神病急救科"和"自杀精神科"。然而，针对自杀问题的急救组织模式都千篇一律：根据自己拥有的手段和知识，每个模式都试图尽可能地遵守所发表的建议，但并没有真正设立专门机构，而大量科学数据都可为这类实践提供支持。

重视周围亲近的人

一方面，企图自杀者其周围亲近的人的一些变化可以诱导自杀行为；另一方面，企图自杀行为又能在其周围人中引起强烈反响，至少在那些企图自杀者最亲近的人中。事实上，一大部分转到急诊室的企图自杀者，在其自杀行为发生后不到24小时的时间里，就会被遣回其居住的环境中。所以，对企图自杀者其周围人的问询是极其重要的。法国圣德尼公共卫生部门（HAS/ANAES，

1998)对企图自杀的年轻人的医治方面就提出这方面建议。然而，在法国，这一做法看起来还有待完善。布埃及其合作者指出：通过观察全国 76 个医院的审计结果，他们注意到，在审计初期，对这一做法的满意度为 44.6%；经过一次简单的说明之后，满意度上升至 52.3%（Bouet,2005）。如果站在非常实用的立场，面对企图自杀者，应该提出四个问题：

（1）他是否有亲近的人？
（2）这些亲近的人是否"足够好"（借用温尼科特的说法）？
（3）这些亲近的人是否已"做好充分准备"？
（4）是否要陪伴这些亲近的人？

组织评估和引导

从行为到语言(Debien,2010)

收容机构和急救中心的目标不应只是通过"简单的"分类诊断，建议病人住院还是不用住院，因为这在 90% 的情况中都没什么用（比如病人去接受一项治疗方案）！对自杀危机这一特殊情况，我们先回忆几个基本概念：它指在某一时刻，个人防御手段已控制不了局面，造成易感性和明显的痛苦状态；它是一种可逆和临时状态，根据个人特点，有多种不同表现。因此，我们就可以看到医生所面对的所有困难，他们常常面临一些复杂形势，这是一个空间（将病人的所有陪同人员都召集过来需要空间！）和时间都极度缺乏的情形。然而，这确实是需要抓住时间：首先，建立关系的时间；然后是评估时间；最后，提议时间。

建立关系的时间

因此,医生首先应该提出的问题是:为什么在这里?为什么是现在?这一"语境化"的自问就可以设想,病人的自杀行为发生在他感到痛苦,并与周围环境决裂的时候,他自己很难将这一时刻放到历时的维度中。医生收集有关主体及其自杀细节方面的必要信息,并引导病人设想这一过程,将其自杀行为重新放到自己的经历中。这不仅是建立一些强大关系的时候,同时也意味着,对这一危机的干预工作启动。这还是一个治疗时刻,因为,在这一时刻,我们邀请病人表达自己的情感和要求,他将会享受到缓解自己病状的措施。第一次接触,使病人的生活戏剧化地呈现,这次接触的质量在一个真正治疗策略的建立过程中起重要作用。

工具……

评估时间也起重要作用,因为它将使医生确立一个诊断,不是进行疾病分类,而是对病人背景的诊断,这对谈话结束后治疗方案的建立是必需的、首要的。很显然,在这一时刻,必须要找出一个在病人身上表现出的精神障碍,它是一个消极预后因素,但它与自杀行为的特点有关。在我们看来,最适合急诊室的工具之一(因为,它使会晤合理化,护士可以使用它)就是自杀风险三段评估(RUD),在法国预防自杀运动的背景下,由塞甘(Pr. Séguin)和泰拉(Terra)研发。我们只粗略阐释一下这一工具的不同方面。实际上,三段评估从三个方面分析潜在的重复自杀:寻找风险因素、探索自杀念头和行为、最后探索能否接触到一个致命手段。对自杀状态的"听诊"还应探索以下方面:痛苦程度;目的性等级(在这一方面,贝克的自杀意图量表是精确的);冲动性元素;促进因素;周围亲近人的支持程度。自杀危机可以分为三个急救等级:低、中或高。

提议时间

作出评估、完成身体诊断后,医生可根据急救等级考虑三种类型的治疗方案:如果等级高,通常建议住院治疗,或得到病人的同意,或必要时强制执行。如果等级低,通常建议门诊随访,并专门配备整套应对机制:向病人曾就诊的精神科咨询情况;一旦病人出现紧急情况,进行必要的多视角剖析("三角法"),或通过电话,或以更直接的方式;采取应急方案或借助应急机制。有关应急机构,我们后面还会谈到。尽管医疗跟踪看起来并不合法,但不管怎样,将病人纳入专业治疗网络中看起来是合适的,一旦情况再次加重,有利于迅速对其实施治疗。

企图自杀者的住院标准

美国精神病学会很好地总结了那些最被广泛接受的标准(APA,2010):

- 精神病患者;
- 严重自杀企图,几乎是致命的或预谋的;
- 小心谨慎,以防被发现或救助;
- 自杀观念持续存在;
- 对自己还活着的事实持续绝望;

- 男性年龄在 45 岁以上；
- 缺乏社会支持；
- 明显的冲动性，严重躁动，神志不清，坚决拒绝接受帮助；
- 无法回想以前……

此外，一项西班牙研究提出了引导病人住院的决定因素（Baca-Garcia，2006）。一些通过数据挖掘进行的分析指出，在欧洲国家，5 个因素可包括 99% 的情况。通常需要住院的有：

- 长期接受精神病药物治疗的人；
- 那些认为可以真正死于自己行为的企图自杀者；
- 没有家庭支持的人；
- 家庭主妇；
- 有企图自杀先例的人。

危 机 中 心

我们必须谈论一下收容中心和危机中心，它们建立的最初目的是希望将住院要求合理化。这些单位以对危机的干预作为工作中心，是"传统"医院的替代选择，其工作内容包括预防、接收、急救以及高强度治疗，以保证病人及其亲近的人可受到必要的、持续性的治疗。法国在这方面的经验得益于安德烈奥利教授的日内瓦团队（Andréoli，1986）。因此，收容中心和危机中心是应急机制的最好诠释：他们可以接收、平复企图自杀者，并评估自杀危机，从而提出一个治疗策略。这样，这些中心就减少了住院率，甚至减少了强制住院率。它们在于在精神病治疗团队、病人及其家人之间建立联系，使他们每个人都能参与到这个过程中来，他们可以有选择,包括对治疗形式或地点的选择。

年轻企图自杀者的治疗单位

这些治疗单位创立于 20 世纪 90 年代,致力于提升全国人民对自杀行为的关注。它们一般属于应急机制,设有 15 张床,通常是跨部门的,安置在普通医院里。它们具有独特的运行方式,基于两个理论原则:自杀危机理论和青少年的发展历程。住院的目的是为了给这些年轻人提供一段时间的治疗,而后者通常拒绝住在精神病院里,事实上,他们的健康状态也不需要强制住院。从这一悲剧事件(自杀企图)出发,依托自杀的动力因素和青少年潜在的学习能力,启发或重新激发青少年的精神状态,这是一项精神重构工作。从更长远的角度来看,这是为了预防精神疾病和/或自杀行为的重现(Bleton,2007)。整个治疗过程包括对个体心理和精神状态的评估,同时还要考虑到个体的家庭环境;同家庭成员进行一些系统的谈话,然后依据所发现的问题,进行一些更有针对性的谈话。除了这些临床评估之外,还需对病人的学业、职业或经济状况进行评估,即社会评估,以便对他们中的一部分人实施教育疗法。这一以不同谈话为特点的跨学科治疗方案,也包括一些团体活动(交谈、书写、身体表达、青少年非正式团体)。

组织中期跟踪

长期跟踪一般指经常向精神病医师、自由职业医生或 CMP 进行专业咨询。然而,我们建议使用一些特定的、系统的方式,且针对所有的企图自杀者。下面有两个例子，有点儿类似于心理教育……

护士进入患者家中（Guthrie, 2001）：4次会谈（每周50分钟），旨在激活病人精神状态，围绕解决人际关系问题进行，在病人自杀后的第一个月，在其家中进行。每次会谈之后，交给治疗医师一个报告。这些到访减少了那些未有自杀企图但有严重精神疾病的人群的重复自杀率。然而，这种机制耗资巨大，给相关机构造成了沉重的负担。

应急简短精神治疗（Walter, 2004）：在病人急诊后的一个月内进行五次谈话（1，4，8，15，28）。简短精神治疗是一种积极疗法，围绕导致危机的冲突问题，做出一些初期的猜测和解释，从而进行一些心理治疗，直到问题得到解决（Gillieron, 1989）。心理治疗专家是那个最初见过病人的医生。这些干预降低了20岁以下病人1年内的重复自杀率。这一机制的花费看起来相对较高，也给相关机构造成负担。近来，另一项试验主张在企图自杀行为出现之后尽可能早地解决问题（Hatcher, 2011）；这一策略只对那些曾经有重复自杀行为的人有效。

组 织 监 督

除了在医院或医疗中转站对于企图自杀者实施治疗策略外，世界各地提出了很多再接触机制。思路很简单：如何在不侵犯企图自杀者日常生活的前提下与其保持联系？这样做的目的并不在于替代病人正在接受的治疗手段，只是希望在必要时可提供一些有用信息。我们把这些机制叫做监督机制；它们的目标人群包括

少量的住院病人(有自杀倾向的病人),但主要是普通民众。这类机制可能包括:

● 寄送信件(Motto,2001):信的内容可以很简短,由曾与这个病人有过交集的人寄出,如果可能的话,把内容赋予人性化色彩(比如:叙述一件病人在住院期间的轶事),信封上不贴邮票;有规律地投递,比如在一、二、三、四、六、八、十、十二月投递,然后每3个月……这样做的目的在于使病人意识到,一个人在牵挂着他(他的存在),对他存有积极的情感。

● 寄明信片(Carter,2005):与莫托的想法接近,在自杀行为发生后的一年中,系统地、有计划性地寄明信片。

● 有规律地打电话(Fleischmann,2008;Vaiva,2006):在病人离开急救室后,以急救室的名义,通过一名心理医师或专业精神科医生以电话的方式再次联系这些病人;进行鼓励性的谈话,重新考虑病人出院的妥协因素,判断病人对当前形势的适应情况。

● 递送危机卡片(Evans,2005):有规律地递送危机卡片,尤其是在上面指出一个24小时都可接通的电话号码。

这样,所有的机制都朝同一个方向迈进,然而,它们对企图自杀者的作用并不都是一样的。而且,它们的成本,无论是从金钱上来说还是对机构来说都是不一样的,甚至差距很大!因此,需要找出一个汇聚上述所有机制优点的监督方案(Vaiva,2011a)。

第18章
远程医疗

马蒂约·加尔梅,埃马纽埃尔·阿芳

通信和信息处理技术有了很大发展。通过一些相似的手段,非物质化、数字化能力的提高使得今天一些科学技术的开发成为可能,尤其是改变了我们的生活方式和思维方式。

卫生界与时俱进,自然会抓住这些技术以寻求发展,甚至是改变自己的思维方式。

定　　义

远程医疗是电子健康的总称,它可以被定义为通过对新型信息和通信技术(TIC)的使用,进行的一种医疗行为,而电子健康包含对所有同健康有关的数字技术的应用。

在法国,它的使用范围受法律规定,围绕5个医疗行为进行:
- 远程咨询:远程医疗咨询。
- 远程鉴别:向某位专业医师征询意见。
- 远程监督:远程解释医疗数据。

- 远程协助：远程协助一项医疗行为的实现。
- 医疗规范，多年以来在急救中心里实施。

益　　处

医疗不能置于其他技术的发展之外，应该不容置疑地求助于这些技术。除此之外，在健康领域使用 TIC 有一个主要的益处，包括两个方面：改善医疗质量和方便大众接受治疗。

关于大众接受治疗这一方面，我们可以看到，由于法国的医疗团队和提供治疗的地区分散性，这方面越来越成为一个挑战。远程医疗咨询、监督和治疗可以改善接受治疗的情况，因为在很多情况下，将病人送到治疗机构是很复杂的。

例如，住在郊区的、被孤立的和被剥夺自由的病人（监禁、CHS 强制住院），而且伴随着人口老龄化，患有慢性疾病的人增加，不论他们是否处于孤立状态，他们都需要被运送，还有那些依靠机构的老年病人，急救中心对病人实施控制以及远程协助。所以这些情况都表明，求助于 TIC 是合适的，甚至是不可或缺的。

同时，围绕 TIC 进行的分阶段治疗，既从组织方面，又从医疗医学鉴别水平上改善了医疗质量。

事实上，对这些技术的使用意味着技术上的分享，医疗信息传输的标准化，可以实现系统操作的交叉性。所以，为了提高效率，应该全面考虑它们的分布，这可以建立不同治疗分支之间的联系，打破它们的隔绝状态，对其加以协调，而这些分支之前都是远距离平行工作。它可以让我们重新考虑提供治疗的组织方式，并将其合理化，弥补不足，避免累赘，有利于治疗网络的均衡发展。

除了可以扩大和简化提供治疗的手段之外,它还方便了技术手段和能力的共享,这样,在需要的时候,就可以更加容易地接触到高水平医疗鉴别,同时广泛地推动治疗手段的集体化,尤其是通过远程鉴别进行初级治疗,拉近医疗、非医疗、社会医疗、医院内和医院外等各个治疗分支的距离,实现信息的安全、合理共享。

另一个益处是,促进病人成为自己健康的主导者,尤其是对一些患有慢性疾病的人来说,比如,通过一些连接工具,使他能够在远程监督的范围内获取一些有关自己健康状况的信息。

这样,远程医疗或 TIC 在健康方面的延伸,在提供简单技术援助的同时,使得我们能够重新组织,甚至是重新设计治疗病人的方式。

手　　段

当前,大部分远程医疗必需的工具都被很好地熟知,数年来,被广泛应用于其他目的:电子邮件、sms、视频会议以及最近的移动工具,如手机。

然而,现行远程医疗工具的专业化使用需要技术、物质和软件等先决条件。

一方面,必须有一些性能足够好的通信基础设施进行数据交换。当前,网络和移动通信基础设施,包括现在正在使用的(3G 和快网速)和将来会出现的(4G 和极快的网速),可足以让大部分地区使用这些技术。

另一方面,TIC 的使用推广了信息工具,分散了医疗信息,而直到现在,医院机构还封锁着它们的数据。因此,应该将这些敏感数据储存到相应的平台上。自 2010 年以来，一些医院被允许对一些医疗数据进行保留。

而且，在技术层面，信息交流需要医疗信息的标准化。2009 年，卫生信息共享系统办事处（卫生 ASIP）成立，它主要负责共享医疗资料（DMP）和卫生职业证（CPS）这两个项目。两个项目现已在法国全面展开，旨在实现医疗信息的标准化。

因此，企业根据卫生职业的需要，围绕卫生 ASIP 制定的标准，开发这些工具，从而保证不同工具的可操作性；在大学教育方面，卫生 TIC 课程设立到硕士阶段，从而培养一些能够满足这一新型职业领域需要的专业人才。

近来，远程医疗发展的有利条件渐趋成熟，政府支持电子卫生的发展，专业人士也对此提出要求。

困　　难

然而，使用这些技术存在许多限制。

一方面，受到病人和一些医务人员文化水平的限制，既涉及相关工具，也涉及它们在医学领域中的使用。实际上，要想使用 TIC 和远程医疗，首先要掌握一定的信息技术。然而，这对某些处于一定年龄阶段的人来说是很缺乏的，尤其是，这些人还包括一些病人，而他们恰恰可能是从中受益的目标人群。而且，尽管到目前为止，这类技术一直让使用者很满意，但医生-病人之间关系的非物质化也引起了一些截然不同的反应，有的人由衷地喜欢它，而有的人则对这类技术持保留态度。

另一方面，"良好的实施"有待保障。近 10 年，大量电子治疗程序问世，尤其是在英国。勒屈佩罗和雷尼（Recupero，2006）在访问一些网站后，指出，许多网站并没有资格提供一些治疗，55个现存程序的大部分都将处于危机状态中的病人以及已被诊断的人排除在外。最后，信息的安全性和可靠性看起来也远远不够。因此，专家建议医务人员要明确使用这类工具的风险。

因此，尽管2009年HPST法对远程医疗进行了规范，但仍然存在一些只有惯例和法律才能减少的灰色地带。

我们尤其列举一些医疗数据的分享和保留方面的困难：如果出现与数据有关的医疗错误或医疗保密方面出错，那么谁应该负责，医生还是技术人员？病人对能看到自己数据的人的控制程度是怎样的？

另一个主要限制是，不确定这些技术发展的经济模式，从医生的角度来说，涉及他们远程医疗的报酬；还有远程医疗方案的资金支持或对卫生成本的影响。

同时，应该保证使用这些工具的经济吸引力和远程医疗项目持续的资金支持，同医师和卫生机构一起，促进它们的发展。

此外，应该限制它们可能造成的过度耗费。尽管我们希望重新组织，使治疗的供应更具一致性，优化治疗手段，减少住院率和成本，但很难说这些技术不会造成过多的花费。

精神病远程治疗

在检查时，精神病治疗很少有身体的接触，所以，它可以很容易使用远程医疗：咨询、诊断、治疗建议、精神病疗法、鉴别等。

尽管技术界面改变了治疗人员和病人之间的沟通方式，但并不确定,这一影响是否不利于或限制了 TIC 的使用,在这一平台上,通过远程咨询进行精神疾病方面的谈话。

自 20 世纪 90 年代末以来,远程通信在精神健康领域中的使用越来越受到关注,它有利于治疗那些被孤立的人和住在交通不便地方的人(Jones,2001)。因此,他们指出,只要有相关设备,以视频会议的方式进行标准化临床评估,比如通过提出各种不同的问题,是完全可能的。依据这一说明,容格(Jong,2004)建议发展远程会议,从而能够在那些医疗条件差的地区进行治疗。他指出,不仅接受性良好,而且与平常的治疗或专门针对精神病的治疗相比,可以节约费用。

杨及其合作者(Yeung,2009)指出,远程咨询有利于住在美国的一些移民和相关病人的积极回归,在进行过第一次面对面的咨询之后,他们社区里的专家利用这一方式对其继续进行跟踪观察。工具设在病房中,在护士的协助下,所有病人都可进行咨询,不管他们患有怎样的疾病或他们使用这些新技术有怎样的困难。一些学者认为,这一治疗模式可以减少治疗在大众中分布的不均衡性,尤其是当语言和/或文化差异成为接受治疗的一个障碍时。

在一份专业杂志中,黑利及其合作者(Hailey,2008)指出,已发表的 65 项高质量研究结果是振奋人心的,这一方法对许多精神疾病,包括自杀行为的治疗产生了积极影响,但冲动性强迫症除外。

通过互联网和新技术制定治疗方案的目标之一是预防自杀。格罗斯及其合作者(Gros,2011)建议使用互联网,通过视频会议的方式,对在家中的病人进行治疗干预,从而预防自杀风险,进行相关治疗。最近,勒斯顿及其合作者(Luxton,2011)讨论了"非物质化"工具的发展,利用一些具有教育意义和社会性的网站,通过手机发送邮件或信息。这些学者认为,最具创新性的应用是建立在一些自杀预防程序基础上的游戏和虚拟世界。

数个网络预防自杀程序已经设立,包括以色列的SAHAR程序和美国的Befrienders网。美国退伍军人部门建立了世界上最庞大的精神健康远程医疗程序之一,每年有4.5万次以上的远程会议,每次参与者超过5 000人。最近,它将目标转到了预防自杀上(Godleski,2008),使用视频会议,并预计这一做法会得到众多出版商的支持。然而,鉴于一些合法性问题,一些有关正规实施的程序被设立,旨在优化那些已在使用的工具。所以,这些都是有可能的:进行远程临床评估,回到一个治疗方案中,甚至在必要时,某个治疗团队进入到病人家中。

克利里及其合作者(Cleary,2008)对互联网和新技术在精神病治疗和研究中的使用作了评估。随着技术的演变,使用这些工具的复杂性越来越低,越来越多的人使用这些工具,在过去的十年里,这些工具成为卫生信息的第一来源。在互联网的使用方面,据ARCEP(互联网数据统计机构)统计,2000年,法国有850万网民(占总人口的14.4%),2010年,网民数超过4 450万,占总人口的68.9%,日常生活中经常使用网络的人占网民总数的92%(TNS-Sofrès,2010)。互联网及其附属工具使用的普及化为病人、家庭、提供帮助的人以及医务人员提供了便捷通道。

除了使用视频会议进行远程咨询外,TIC还促进治疗的重新组织,手段和能力的共享方便了医院内/外的联系,通过标准化工具接收临床数据,在治疗方面进行生动地教育、指导,使病人参与到对自己慢性疾病或一些危机情况的管理中。

这些技术使精神病科的床位减少，病人住院时间缩短，再住院率升高，而这些技术的主要影响应该是增强院外领域的实力，尤其通过更好地管理治疗（忍受、遵从）和一些危机情况，将再住院率最小化。医疗资源在各个地区分布不均匀，有些被认为是没有太大吸引力的地区，甚至出现自由职业和医院精神科医生空缺的情况，因此，这方面也应该成为视频会议和远程咨询的重点发展方向。我们完全可以设想，由一些非医务人员陪同病人。

自杀危机是依靠TIC进行治疗的典型：在危机时刻，可以与治疗团队取得快速、直接的联系；或危机过后，有利于预防重复自杀。

考虑到重复自杀的频率、对曾有自杀企图的病人的低追踪率，要想寻求其他治疗方式，首先应该会想到依靠TIC；而且，鉴于住院人群的年龄或传统的追踪方式，依靠TIC很可能是一个不错的选择。在意大利北部，德雷奥及其合作者（De Leo，2002）在10年期间（1988—1998）每隔两周对一些老年人（18 641个电话使用者）进行电话诊疗，通过这种方式，自杀死亡风险显著降低。这一结果只会促进TIC在特殊人群中的发展。

结　　论

近15年，TIC的到来极大改变了我们的生活方式，这已成为一个不争的社会事实。它们变得不可或缺，因此，医学界也试图与其相适应，从而将它们变成一些合适的治疗工具。这样，经过十几年的实验，所有必需的元件在今天看来都汇聚一起，使远程医疗或更大范围的电子健康实实在在地进入持续发展和使用的阶段。然而,除了这些技术带来的简单变化,我们可以设想,它们同样也可以导致治疗供应方式的改变。

我们期待看到,它们将会给医学带来怎样的实质性影响;我们也质疑,它们对另一个社会事实,即涂尔干提出的自杀,已经产生的影响。

第 19 章
自杀的神经-文化决定因素

鲍里斯·西律尔尼克

"死亡"这一字眼需要很长时间才能长大成人。只要孩子还无法进行时间表征，那么，这个字眼对他来说就是陌生的："他曾经在……他已经不在了……他会从另一个未知的地方回来"。

这个字眼在6—8岁才成年，当大脑的成熟可以进行时间表征时。在这一时期，孩子就能够把过往和未来联系起来，他可能会想："生命的长河不可逆转地停止。"所以，"死亡"这一字眼就变成一个概念，指时间停在了令人焦虑的虚无上。

大脑被围绕在孩子周围的情感压力所蹂躏，在大脑发展过程中的不断"交易"的作用下，这一个体（死亡）形成。它的构成也受父母情感表达的影响，他们有自己的经历和文化背景。

这一提出自杀问题的系统方式可以使我们加入以下数据：

- 生物学内部数据：遗传学和表观遗传学；
- 与生物学有关的数据：情感生境促进或阻碍大脑发育，并产生一些功能。

情感生境缺乏,就无法刺激相关大脑区域,组织就无法抑制冲动。

冲动控制能力减退

早期,神经元之间接触并传递信息的活动异常活跃。在婴儿出生时和出生后的前几个月,每分钟有 20 万突触发生联系。在这一发育时期,情感生境的缺乏会改变细胞的反应性和神经通路的方向。刺激的缺乏会导致本应受到刺激的大脑区域萎缩,大量的环境因素会增加树突棘的密度(Radtchenko,2007)。

生物学有关早期隔离的研究指出,生境的缺乏无法刺激前额叶神经元之间的接触,因此会出现萎缩的现象:前额叶神经的抑制不能有效控制杏仁核和嗅球的运行,导致杏仁核肥大和嗅球的恶性发展(Mehta,2009)。自此,这样的大脑对最微小的信息都会产生警觉。

生境的缺乏(不论什么原因),在改变前额叶神经元接触的同时,延迟了它同边缘系统的联系(Le Doux,1989)。个体无法将过往和未来联系在一起,就很难给他所观察到的事件赋予意义。受到情境刺激,他只能对此做出反应。这一情境对他来说没有意义。

以自我为中心的反应

与所有哺乳动物一样,所有人都需要另一个人来发展自己的基因系统,对这方面的剥夺会导致以自我为中心的活动增加(Harlow,1965)。这些转向他自己躯体的行为(晃动、旋转、自体性欲)是可预测的,并随着遗传和表观遗传系统与外界环境的相互碰撞,会发生反弹。情感生境的丰富会使这些行为消失,但并不能完全将其清除。某些残留会储存于潜在记忆中,长时间放置之后,一些新的剥夺可能就会使它们重新出现。当大脑获得了这样的情感易感性之后,所有情感都会变得过于强烈并不可控制。他通过冲动性的自我攻击对其做出反应。

在众多变量中,应该分析:

- 基因系统;
- 剥夺的突然到来;
- 替代生境的质量。

遗传与5-羟色胺的运输有关。在所有哺乳动物中,一部分基因通过一些蛋白质编码,而蛋白质转运5-羟色胺(Lesch,1997)。

这些哺乳动物没有5-羟色胺带来的情感上的平静。在遇到不幸时,小的转运体比大的转运体更易受伤害。它们尤其增加了以自我为中心的活动。在经历一次创伤之后,很难再次发展,需要很长时间去减少晃动、旋转和自残行为。

然而,这一遗传决定因素并不是致命的,因为人的生长发育具有渐变性。如果一个小的转运体在它早期的相互作用过程中是安全的,它就会获得情感上的稳定性,从而控制自杀行为。同样地,如果一个大的转运体过早或长期处于隔离状态,它会获得情感易感性,在遇到不幸时,就会导致冲动行为。

所以,最坏的发展策略就是这些小的转运体被过早地隔离,功能被切断之后,它们就不能抑制情感的激发。它们认为任何事件都具有攻击性,用自我攻击的方式,回应这一警觉,就像当它们在其发育的关键时期被孤立时,它们自己学会的那样。

这样,我们就可以解释那些边缘状态者的人际关系冲突和自我毁灭行为,他们经历了一系列创伤,只会自我攻击。在这类人群中,90％的年轻人有自杀想法,10％的人自我毁灭(Bateman,2010)。

那些早期就被不断剥夺的孩子,很难控制自己的情感,接受有关规定,生活在团体中。他们把很小的游戏、很小的冲突都看作强大的压力,面对这一压力,他们以疯狂的自我攻击作为回应。任何相遇都会引起争斗,任何压力都需经过很长时间才能够平息。下丘脑-垂体-肾上腺轴(HPA)总是处于警戒状态,这提高了皮质醇的含量。对可的松敏感的边缘细胞水肿。离子载体通道扩大,使钾元素渗透,将钠离子和钾离子的浓度反转。摩尔浓度异常升高,导致细胞的破裂和死亡,这就解释了抑郁者边缘系统的萎缩(Shannon,2005)。

敏 感 时 期

同样的剥夺会因出现的时刻不同而影响不同。任何需要依靠另一个人而自我发展的人都会留有这个人的印记。对儿童来说,一种出现在其成长关键时期的感觉形式,会成为一个非常鲜明突出的形象,会比任何其他的人都更强烈地感受到。从此,一个印记就隐藏在他潜在的记忆里:他依恋这个家庭形象。这一形象,能够被很强烈地感知到,成为一个感觉参照,只要同它保持联系,儿童才感到安全。这一被依恋的形象(母亲、父亲、同伴、地点)给予儿童探索世界的力量和乐趣。当这一形象不在时,儿童就会感到不安,恐慌,四处乱窜,情绪失控,变成了"频繁制造事故者"。被剥夺了安全基础,在恐慌中无法正确处理信息,就会增加发生事故的可能性(Suomi,1999)。

印记的消退是由环境因素或儿童的发展造成的。情感生境的缺失——母亲死亡、阴郁、家庭暴力或社会不稳定性(Zaouche-Gaudon,2000)——不会在儿童记忆中留下让人感到安全的印记。同样地,遗传疾病或表观遗传变异会导致乙酰胆碱(Chapouthier,1988)或类吗啡和催产素的缺乏,从而改变印记的生物层(Panksepp,1998)。当这一交易失败后,生活就会变得苦涩,儿童感觉周围所有一切都具有攻击性。他害怕新的东西,最微小的改变都会让他手足无措。如果教育无法给他提供一个让他感到安全的替代物——如母亲的支持(Tronick,1989)、收容家庭、机构——儿童就会恐慌,在杏仁核冲动力量的作用下,他就再也无法抑制,从而对自己实施暴力。

这样,一个相互作用的螺旋状机制形成,在这一异常机制作用下,困难儿童给他的依恋形象带来困难(Siegel,2004)。任何形势,任何事件都会造成痛苦。"关系失败"螺旋机制中的组织改变了他们的生存行为(吃、喝、睡觉、自我防御、自我复制),损坏了下丘脑-垂体-肾上腺轴(HHS)。他们进入痛苦的门槛严重降低,对他们来说,一切都是痛苦的(Andre,2005)。

死 亡 表 征

为了能够进入这一观念,我们的大脑发育应该经常受到感觉、情感、言语或文化环境的影响。死亡表征来自个体发育。如果这一构造和谐,我们接受死亡,就像我们接受生命一样。但是,如果太多剥夺或裂痕扭曲了发育,死亡表征就会导致对空虚的极度担忧或对解脱的向往,"如果我不能够自由地杀死我自己,那么,我已经死了很长时间了",西奥朗(Cioran,1952)曾这样说道,他的生活经历并不总是那么和谐。

当那些处理空白信息的大脑区域(前额叶、未来信息层、与边缘系统连接、过往信息层)的形成过程变得紊乱时,个体就无法产生时间表征,既不能让死亡来临,也无法构造一个叙述。

在 1935—1955 年进行的前额叶脑白质切断手术和对遭受创伤的脑体进行的脑叶切开手术中,我们发现,受伤的大脑不能抑制行为上或精神上的反应。无法设想自己的言语或举止将对其他人产生的影响,没有同情心,病人随意放任自己的冲动,就像我们在脑叶手术中、在精神错乱者的额颞叶中、在错乱者身上或在那些对精神还没有概念的小孩身上看到的那样。

他们的智力水平并没有减退,有时甚至会提高,由于抑制的减少,会变得更加活跃。记忆被保存下来,但无法进行个人履历的叙述,因为受伤者不能有意识地在过去或在他的想象中寻找可以构造故事的元素。由于无法期望,他既不能计划某一活动,也无法自己呈现未来的死亡。他不再能够交谈,他用单音节词回答,不思考,没有关系代词,没有复杂的句子结构。有时,他会说:"我不再能够将词连接起来了。"

他囚禁于现在,无法将过去和未来联系起来,不能对他所察觉到的赋予意义。他的存在毫无意义。

如果眶额叶受到损害,受伤者不再受到抑制,会非常惬意地付诸行动。最微小的暴露都会激发男人的性冲动。任何男人的出现,在女人看来都是羞耻的。

第19章 自杀的神经-文化决定因素

当对其进行脑叶手术时,受伤者会躁动,到处乱跑。但是,当周围环境安静下来,他就会坐下,一动不动,缄默无言,内心也无言语,因为,他不再能够构造故事发生的时间。

最终,受伤者的额叶已无法再控制镜像神经元。只要医生向一个茶杯作一点小的举动,受伤者就会立刻抓住杯子(Botez,1987)。而一个没有受伤的人只会在位于额叶从下往上5英尺处的镜像神经元中耗费更多的精力。他会准备拿这个茶杯,但他能够控制这一动作。当我们让接受脑叶手术者意识到,他抓住这个茶杯毫无理由时,他回答说,他以为医生刚开始的举动是一个命令。这样,他给予了一个失去理智的、无法控制的冲动一个错误的理由。

阻碍时间呈现和冲动控制的额叶功能障碍(医疗上的或精神创伤的)是否与早期发育过程中获得的额叶边缘和杏仁核功能障碍类似?

由于战争、监禁或家庭不幸而感到被孤立的儿童,他们以自我为中心的活动几乎都会增加。这些活动是可预见的、可驳斥的、可解除的。治疗者的一个微笑、一次尝试性的帮助都会给这个缺乏爱抚的孩子带来无法忍受的情感,他将这种情感以暴力自我攻击的形式表达出来:他咬自己或将头拼命地撞地。然而,一旦他变得稍微顺从一点,他就会表现出冲动性的过度依恋:他会紧紧抓住与他接触的大人不放。

一个因为自己父母激烈争吵而跳窗的孩子表明,他在感觉上对当前情境的屈服,他无法控制一个自我攻击式的冲动。一个因为一次成绩不好就上吊的孩子是否真正有对死的渴望,或者他仅仅是以暴力性的自我攻击来回应一个对他来说无法忍受的挫败?

一个痴迷于自杀的女性青少年的额叶中部是否有功能障碍？

自杀的力量

在并没有渴望自杀的情况下，自杀冲动来源于抑郁情绪的颠覆。在病人处于抑郁期间，心力交瘁，奄奄一息，将自己的需求全都抛到脑后，只会对一些生理刺激作出反应。而他重新活过来的时刻，就是他进行自我毁灭的时候，在这一冲动的作用下，他找到了行动的力量。

抗抑郁药物有时会导致病人自我攻击的发作，在它们改善了被孤立病人的情绪，而病人还无法控制这一活力的回归时。某些被抗抑郁药物"重新振作"的人，之后还会小剂量的服用以自我刺激。很多人都害怕这一突如其来的自杀冲动，因为他们没有任何死的想法。仿佛药物活跃了他们潜在记忆中自我攻击的迹象。

时间呈现的异常可以解释那些有自杀想法、但没有死的想法的人吐露的奇怪句子。就像这个青春期女孩的情况一样，每次吸印度大麻时，她就变得神志不清，并说："我会自杀的，但之后，我害怕，我会后悔。"

在青少年时期，性欲的出现和对独立的向往唤醒了那些潜在的记忆。曾经历过情感生境缺乏的人在其记忆中存有自我攻击的倾向，当他的情感过于强烈时，他就会以自我攻击的形式表达出来。然而，对这类人来说，情感很容易过于强烈，因为，他们的额叶正下方已无法控制强烈的杏仁核冲动（Cohen，2012）。

在其焦虑情绪发作时，蒙泰朗（Montherlant）曾说："我一分一秒都忍受不了活下去的想法了。"查尔斯·莫拉斯（Charles

Maurras)渴望死亡的欲望并没有那么强烈,这使他有充足的时间想象一个致命的、充满情欲的场景:"设想一下,他像死人一样,吊在自己的肩带上,如此热烈,以至于绳子断裂了"(Maurras,2011)。三岛由纪夫更喜欢战争的美:一个浑身充满肌肉的躯体,被穿着闪烁制服的士兵包围,美妙地被开膛破肚(Mishima,1975)。

当这样的一个神经-情感易感性渗透到儿童的大脑中,而之后,他周围的环境又无法提供给他一个令其感到安全的替代物时,他就无法控制自己的情感。他没有自我思考的工具,如果被孤立,他无法进行记述,而这本可以让他感到不那么孤独。在这样一个相互作用、变化的螺旋中,只要处于孤立状态,他就会有自我毁灭的冲动。相反,另一个人的只言片语都能抑制这一冲动。

这个可以带来限制、而他不具备的另一个人通常是一个未加区分的依恋形象。当孩子健康发育时,他会依恋他记忆中的一些熟悉形象(母亲、父亲、亲友)。而之所以他会产生自杀的念头,是因为他依恋的这些形象并没有在他记忆中渗入安全因素。情感上的不幸遭遇(家庭暴力、父母死亡、癌症、精神障碍、战争、社会的不稳定性)让他对那些给予其治疗的人感到恐惧。从此,话语的情感作用只会来自一个外界形象,一个未加区分的依恋形象(Main,1990)。也就是这个不认识的人有可能会使他感到安全,抑制他的冲动性。

另一个未加区分的人带给他安全感,抑制其情感,这可以解释一句简单话语、一个电话或与某个不相识的人的相遇带来的神奇力量,足以制止他的自杀行为。比如,一个年轻女人,感到自己如此不幸,以至于在她看来,死是解除她痛苦的唯一出路。当她准备跨过桥的栏杆时,一个旅游团体过来向她咨询建议。她很友好地作了回答……然后,她就回家了!

自杀的社会文化决定因素

这些因素是无可争议的,但这篇文章的目的在于寻思:为什么在处于危机的人群中,某些人会成为社会衰退的不幸儿?

任何处于危机或激烈动荡的社会都会导致高自杀率。法国大革命之后,我们可以观察到,自杀率在6世纪和9世纪之间出现了一个高峰。在帝国时期,1812年,一次真正的溺死"热潮"上演(Ariès,1982)。急速发展的文化甩开了那些只有在慢慢行进时才感到舒服的人。在欧洲,近年来,"年轻人的自杀数量急剧增加,而老年人的自杀率显著降低"(Baudelot,2010)。但是,在希腊,近几年自杀率上升了20%。

抵抗者为了不在酷刑之下说出自己同伴的名字而跳窗自杀,是其道德决定的。这个抵抗者并不想死,他自杀是为了保护同伴或亲人。孤独的老人,成为癌症的垂死者,他们的自杀是理智的,是合理的抉择。维持效应指一些年轻人之所以自杀,是因为看到自己的偶像自杀,这一作用表明,心理社会方面的衰退已无法再抑制情绪的传染性。

用文化因素预防这些神经衰退

这是可能的!

情感的稳定性构成了早期相互作用的情感生境,它不仅依靠

第19章 自杀的神经-文化决定因素

父母之间的融洽关系,也通常受政治决策的影响。北欧国家都决定延长父母假期,增加幼儿园的数量,改善其教育质量(Rameau, 2011)。10年后,他们得到这样的结果:自杀率下降了40%,文盲状况几乎消失(Robert, 2009)。这一早期生境的稳定性在避免额叶-杏仁核-边缘系统(FAL)功能障碍的同时,成为最有效的保护因素。那些早期接受过这一保护的抑郁症患者非常痛苦,但他们不想死。

而且,应该避免孩子处于孤立状态,从而阻止他的自我毁灭冲动。家庭结构、学校、街区邻居、社会或文化方案构成了一个文化整体,它影响着大脑的发育和情感的表达。

涂尔干不用担心,文化确实在很大程度上决定着自杀。当时,这个社会学家没有预料到:周围的文化也可以影响大脑的发育,并可能导致神经功能障碍,导致自杀想法,促成自杀行为。

参考文献

AAPML, www.aapml.fr

ABBAR M, (2001), « Suicide attempts and the tryptophan hydroxylase gene », *Mol Psychiatry*, 6, 3, 268-273.

ABRIC JC, (1994), *Pratiques sociales et représentations,* Paris, Presses Universitaires de France, 2003.

ADOLPHS R, (2003), « Investigating the cognitive neuroscience of social behavior », *Neuropsychologia*, 41, 2, 119-126.

AFIFI TO, (2011), « Childhood adversity and personality disorders : results from a nationally representative population-based study », *J Psychiatr Res*, 45, 6, 814-822.

AJZEN I, (1980), *Understanding attitudes and predicting social behavior,* Englewood Cliffs, NJ, Prentice-Hall.

ALLEN NB, (2003), « The social risk hypothesis of depressed mood : evolutionary, psychosocial, and neurobiological perspectives », *Psychol Bull*, 129, 6, 887-913.

ALLEN RS, (2008), « Religiousness/spirituality and mental health among older male inmates », *Gerontologist*, 48, 5, 692-697.

AMYOT JJ, (1997), *Guide de l'action gérontologique,* Paris, Dunod.

ANDRE J, (2005), « Involvement of cholecystokininergic systems in anxiety-induced hyperalgesia in male rats : behavioral and biochemical studies », *J Neurosci*, 25, 35, 7896-7904.

ANDRÉOLI A, (1986), *Crise et intervention de crise en Psychiatrie,* Paris, SIMEP Editions.

ANNASERIL DE, (2006), « Preventing suicide in prison : a collaborative responsibility of administrative, custodial, and clinical staff », *J Am Acad Psychiatry Law*, 34, 2, 165-175.

AOUBA A, (2010), Mortalité par suicide en France, Journée d'étude internationale, Direction de l'administration pénitentiaire, N°78 Collection Travaux Et Documents.

APSS, www.apss-sante.fr/.

ARATO M, (1989), « Elevated CSF CRF in suicide victims », *Biol Psychiatry*, 25, 3, 355-359.

ARIÈS P, (1982), *Histoire de la vie privée, Tome IV*, Paris, Le Seuil.

ARSENAULT-LAPIERRE G, (2004), « Psychiatric diagnoses in 3275 suicides : a meta-analysis », *BMC Psychiatry*, 4, 37.

ARTERO S, (2006), « Life-time history of suicide attempts and coronary artery disease in a community-dwelling elderly population », *Int J Geriatr Psychiatry*, 21, 2, 108-112.

ASBERG M, (1981), « Studies of CSF 5-HIAA in depression and suicidal behaviour », *Adv Exp Med Biol*, 133, 739-752.

AUBUSSON DE CARVALAY B, (2010), Le suicide en prison : choisir le bon indicateur ? Journée d'étude internationale, Direction de l'administration pénitentiaire, N°78 Collection « Travaux et Documents ».

AUSTIN AE, (2013), « Physician suicide », *J Forensic Sci*, 58 Suppl 1, S91-93.

BACA-GARCIA E, (2007), « Psychosocial sressors may be strongly associated with suicide attempts », *Stress and Health* 23, 191-198.

BALDESSARINI RJ, (2006), « Decreased risk of suicides and attempts during long-term lithium treatment : a meta-analytic review », *Bipolar Disord*, 8, 5 Pt 2, 625-639.

BAR-ON R, (2003), « Exploring the neurological substrate of emotional and social intelligence », *Brain*, 126, Pt 8, 1790-1800.

BARKER DJ, (1995), « Low weight gain in infancy and suicide in adult life », *BMJ*, 311, 7014, 1203.

BATEMAN A, (2010), « Mentalization based treatment for borderline personality disorder », *World Psychiatry*, 9, 1, 11-15.

BAUDELOT C, (2010), « Lecture sociologique du suicide », *in Suicides et tentatives de suicide*, Courtet P. et al, Paris, Flammarion, 14.

BAUDELOT C, (2006), *Suicide, l'envers de notre monde*, Paris, Seuil.

BAZANIS E, (2002), « Neurocognitive deficits in decision-making and planning of patients with DSM-III-R borderline personality disorder », *Psychol Med*, 32, 8, 1395-1405.

BEAUTRAIS AL, (2000), « Risk factors for suicide and attempted suicide among young people », *Aust N Z J Psychiatry*, 34, 3, 420-436.

BEAUTRAIS AL, (2001), « Suicides and serious suicide attempts : two populations or one? », *Psychol Med*, 31, 5, 837-845.

BEAUTRAIS AL, (2002), « A case control study of suicide and attempted suicide in older adults », *Suicide Life Threat Behav*, 32, 1, 1-9.

BECHARA A, (1994), « Insensitivity to future consequences following damage to human prefrontal cortex », *Cognition*, 50, 1-3, 7-15.

BECHARA A, (2000), « Emotion, decision making and the orbitofrontal cortex », *Cereb Cortex*, 10, 3, 295-307.

BECHARA A, (2002), « Decision-making and addiction (part II) : myopia for the future or hypersensitivity to reward? », *Neuropsychologia*, 40, 10, 1690-1705.

BELLIVIER F, (2004), « Association between the TPH gene A218C polymorphism and suicidal behavior : a meta-analysis », *Am J Med Genet B Neuropsychiatr Genet*, 124B, 1, 87-91.

BELLIVIER F, (1998), « Association between the tryptophan hydroxylase gene and manic-depressive illness », *Arch Gen Psychiatry*, 55, 1, 33-37.

BELUCHE I, (2009), « Persistence of abnormal cortisol levels in elderly persons after recovery from major depression », *J Psychiatr Res*, 43, 8, 777-783.

BEN-EFRAIM YJ, (2011), « Gene-environment interactions between CRHR1 variants and physical assault in suicide attempts », *Genes Brain Behav*, 10, 6, 663-672.

BENDER TW, (2011), « Impulsivity and suicidality : the mediating role of painful and provocative experiences », *J Affect Disord*, 129, 1-3, 301-307.

BERGE KH, (2009), « Chemical dependency and the physician », *Mayo Clin Proc*, 84, 7, 625-631.

BHUGRA D, (1997), « Incidence and outcome of schizophrenia in whites, African-Caribbeans and Asians in London », *Psychol Med*, 27, 4, 791-798.

BIFULCO A, (2002), « Exploring psychological abuse in childhood : II. Association with other abuse and adult clinical depression », *Bull Menninger Clin*, 66, 3, 241-258.

BLAAUW E, (2002), « Traumatic life events and suicide risk among jail inmates : the influence of types of events, time period and significant others », *J Trauma Stress*, 15, 1, 9-16.

BLACK DW, (2002), « The relationship between DST results and suicidal behavior », *Ann Clin Psychiatry*, 14, 2, 83-88.

BLANCHARD P, (2010), « Prevalence and causes of burnout amongst oncology residents : a comprehensive nationwide cross-sectional study », *Eur J Cancer*, 46, 15, 2708-2715.

BLASCO-FONTECILLA H, (2009a), « Specific features of suicidal behavior in patients with narcissistic personality disorder », *J Clin Psychiatry*, 70, 11, 1583-1587.

BLASCO-FONTECILLA H, (2009b), « Towards an evolutionary framework of suicidal behavior », *Med Hypotheses*, 73, 6, 1078-1079.

BLASCO-FONTECILLA H, (2012a), « Can the Holmes-Rahe Social Readjustment Rating Scale (SRRS) be used as a suicide risk scale? An exploratory study », *Arch Suicide Res*, 16, 1, 13-28.

BLASCO-FONTECILLA H, (2012b), « Combining scales to assess suicide risk », *J Psychiatr Res*, 46, 10, 1272-1277.

BLASCO-FONTECILLA H, (2012c), « Suicidio y evolución :¿una simple paradoja o algo más? », in *Medicina evolucionista : aportaciones multidisciplinares, et al*, Madrid.

BLASCO-FONTECILLA H, (submit), « Major suicide repeaters : Patient addicted to suicidal behavior ? an exploratory study ».

BLASCO-FONTECILLA H, (2010), « An exploratory study of the relationship between diverse life events and specific personality disorders in a sample of suicide attempters », *J Pers Disord*, 24, 6, 773-784.

BLAZER DG, (1996), « Suicide », in *Encyclopedia of gerontology, et al*, USA, Academic Press.

BLETON L, (2007), « Rencontre et échange de pratiques entre Unités d'Accueil Médico-Psychologiques pour adolescents et jeunes adultes », *Revue Française de Psychiatrie et de Psychologie Médicale* 11, 107, 45-48.

BOCCHETTA A, (1998), « Suicidal behavior on and off lithium prophylaxis in a group of patients with prior suicide attempts », *J Clin Psychopharmacol*, 18, 5, 384-389.

BORNSTEIN RF, (1992), « The dependent personality : developmental, social, and clinical perspectives », *Psychol Bull*, 112, 1, 3-23.

BORRAS L, (2010), « The relationship between addiction and religion and its possible implication for care », *Subst Use Misuse*, 45, 14, 2357-2410.

BOTEZ MI, (1987), *Neuropsychologie clinique et neurologie du comportement*, Montréal, Presses de l'Université de Montréal.

BRADLEY RG, (2008), « Influence of child abuse on adult depression : moderation by the corticotropin-releasing hormone receptor gene », *Arch Gen Psychiatry*, 65, 2, 190-200.

BRAQUEHAIS MD, (2010), « Is impulsivity a link between childhood abuse and suicide? », *Compr Psychiatry*, 51, 2, 121-129.

BRENT DA, (2005), « Family genetic studies, suicide, and suicidal behavior », *Am J Med Genet C Semin Med Genet*, 133C, 1, 13-24.

BREZO J, (2008a), « The genetics of suicide : a critical review of molecular studies », *Psychiatr Clin North Am*, 31, 2, 179-203.

BREZO J, (2008b), « Predicting suicide attempts in young adults with histories of childhood abuse », *Br J Psychiatry*, 193, 2, 134-139.

BRIDGE JA, (2005), « Emergent suicidality in a clinical psychotherapy trial for adolescent depression », *Am J Psychiatry*, 162, 11, 2173-2175.

BRIDGE JA, (2012), « Impaired decision making in adolescent suicide attempters », *J Am Acad Child Adolesc Psychiatry*, 51, 4, 394-403.

BRONFENBRENNER U, (1979), *The ecology of human development : Experiments by Nature and Design*, Cambridge, Harvard University Press.

BROOKS SK, (2011a), « Doctors vulnerable to psychological distress and addictions : treatment from the Practitioner Health Programme », *J Ment Health*, 20, 2, 157-164.

BROOKS SK, (2011b), « Review of literature on the mental health of doctors : are specialist services needed? », *J Ment Health*, 20, 2, 146-156.

BROWN GK, (2005), « Cognitive therapy for the prevention of suicide attempts : a randomized controlled trial », *JAMA*, 294, 5, 563-570.

BROWN GW, (2010), « Antidepressants, social adversity and outcome of depression in general practice », *J Affect Disord*, 121, 3, 239-246.

BRUFFAERTS R, (2010), « Childhood adversities as risk factors for onset and persistence of suicidal behaviour », *Br J Psychiatry*, 197, 1, 20-27.

BRUNNER J, (2002), « Vasopressin in CSF and plasma in depressed suicide attempters : preliminary results », *Eur Neuropsychopharmacol*, 12, 5, 489-494.

BURSZTEIN LIPSICAS C, (2010), « Immigration and suicidality in the young », *Can J Psychiatry*, 55, 5, 274-281.

BUSS DM, (1994), *The Evolution of Desire : Strategies of Human Mating*, New York, BasicBooks.

CANTOR-GRAAE E, (2005a), « Increased risk of psychotic disorder among immigrants in Malmo : a 3-year first-contact study », *Psychol Med*, 35, 8, 1155-1163.

CANTOR-GRAAE E, (2005b), « Schizophrenia and migration : a meta-analysis and review », *Am J Psychiatry*, 162, 1, 12-24.

CARMF, (2011), *Statistiques. Nature des affections. Médecins bénéficiaires du régime invalidité-décès. 15 février 2011.* Disponible sur : www.carmf.fr.

CARMF, (2012), *Statistiques. Pyramide des âges. Démographie au 1er juillet 2012.* Disponible sur : www.carmf.fr.

CARTA MG, (2005), « Migration and mental health in Europe (the state of the mental health in Europe working group : appendix 1) », *Clin Pract Epidemiol Ment Health*, 1, 13.

CARTER GL, (2005), « Postcards from the EDge project : randomised controlled trial of an intervention using postcards to reduce repetition of hospital treated deliberate self poisoning », *BMJ*, 331, 7520, 805.

CARTER GL, (2007), « Mental health and other clinical correlates of euthanasia attitudes in an Australian outpatient cancer population », *Psychooncology*, 16, 4, 295-303.

CASPI A, (1996), « Behavioral observations at age 3 years predict adult psychiatric disorders. Longitudinal evidence from a birth cohort », *Arch Gen Psychiatry*, 53, 11, 1033-1039.

CASPI A, (2003), « Influence of life stress on depression : moderation by a polymorphism in the 5-HTT gene », *Science*, 301, 5631, 386-389.

CASTEL R. *et al*, (1991), « De l'indigence à l'exclusion, la désaffiliation. Précarité du travail et vulnérabilité relationnelle », *in Face à l'exclusion. Le modèle français*, Paris, Esprit,.

CAUCHARD L, (2011), « La médecine peut-elle nuire à la santé des médecins ? », *La Lettre du psychiatre*, 7, 12-16.

CAVANAGH JT, (2003), « Psychological autopsy studies of suicide : a systematic review », *Psychol Med*, 33, 3, 395-405.

CAVANAGH JT, (1999), « Life events in suicide and undetermined death in south-east Scotland : a case-control study using the method of psychological autopsy », *Soc Psychiatry Psychiatr Epidemiol*, 34, 12, 645-650.

CENTER C, (2003), « Confronting depression and suicide in physicians : a consensus statement », *JAMA*, 289, 23, 3161-3166.

CHAMBERS DA, (2005), « The science of public messages for suicide prevention : a workshop summary », *Suicide Life Threat Behav*, 35, 2, 134-145.

CHANDLEY MJ, (2012), « Noradrenergic Dysfunction in Depression and Suicide ».

CHAPOUTHIER G, (1988), *Mémoire et cerveau, Biologie de l'apprentissage*, Le Rocher.

CHARALABAKI E, (1995), « Immigration and psychopathology : a clinical study », *Eur Psychiatry*, 10, 5, 237-244.

CHOTAI J, (2005), « Novelty seekers and summer-borns are likely to be low in morningness », *Eur Psychiatry*, 20, 3, 307.

CHOTAI J, (1999), « Variations in CSF monoamine metabolites according to the season of birth », *Neuropsychobiology*, 39, 2, 57-62.

CHOTAI J, (2006), « Cerebrospinal fluid monoamine metabolite levels in human newborn infants born in winter differ from those born in summer », *Psychiatry Res*, 145, 2-3, 189-197.

CHUA HF, (2009), « Decision-related loss : regret and disappointment », *Neuroimage*, 47, 4, 2031-2040.

CIORAN E, (1952), *Syllogismes de l'amertume*, Paris, Gallimard.

CIPRIANI A, (2005), « Lithium in the prevention of suicidal behavior and all-cause mortality in patients with mood disorders : a systematic review of randomized trials », *Am J Psychiatry*, 162, 10, 1805-1819.

CLARK L, (2011), « Impairment in risk-sensitive decision-making in older suicide attempters with depression », *Psychol Aging*, 26, 2, 321-330.

CLARKE DE, (2008), « Pathways to suicidality across ethnic groups in Canadian adults : the possible role of social stress », *Psychol Med*, 38, 3, 419-431.

CLARKE RA, (1999), « Serotonin and externalizing behavior in young children », *Psychiatry Res*, 86, 1, 29-40.

CLAYDEN RC, (2012), « The association of attempted suicide with genetic variants in the SLC6A4 and TPH genes depends on the definition of suicidal behavior : a systematic review and meta-analysis », *Transl Psychiatry*, 2, e166.

COCHRANE R, (1987), « Migration and schizophrenia : an examination of five hypotheses », *Soc Psychiatry*, 22, 4, 181-191.

COHEN D, (2012), « The developmental being. Modeling a probabilistic approach to child. Development and psychopathology », *in Brain, mind and developmental psychopathology in childhood, et al,* Jason Aronson, 14.

COHIDON C, (2010), Suicide et activité professionnelle en France : premières exploitations de données disponibles.

COLSON JM, (2011), « L'épuisement professionnel est très difficile à diagnostiquer », *Bulletin d'information de l'Ordre national des médecins, n°18.*

COMTE-SPONVILLE A, (2006), *L'esprit de l'athéisme : Introduction à une spiritualité sans Dieu,* Paris, Albin Michel.

CONUS P, (2010), « Pretreatment and outcome correlates of past sexual and physical trauma in 118 bipolar I disorder patients with a first episode of psychotic mania », *Bipolar Disord*, 12, 3, 244-252.

COOK JM, (2002), « Suicidality in older African Americans : findings from the EPOCH study », *Am J Geriatr Psychiatry*, 10, 4, 437-446.

CORYELL W, (2001), « The dexamethasone suppression test and suicide prediction », *Am J Psychiatry*, 158, 5, 748-753.

CORYELL W, (2006), « Hyperactivity of the hypothalamic-pituitary-adrenal axis and mortality in major depressive disorder », *Psychiatry Res*, 142, 1, 99-104.

COTE F, (2007), « Maternal serotonin is crucial for murine embryonic development », *Proc Natl Acad Sci USA*, 104, 1, 329-334.

COUGNARD A, (2009), « Impact of antidepressants on the risk of suicide in patients with depression in real-life conditions : a decision analysis model », *Psychol Med*, 39, 8, 1307-1315.

COUNCIL OF EUROPE, 7th *Conference of Ministers Responsible for Migration Affairs,* 2002.

COURTET P, (2010), « Que nous apprennent les neurosciences sur la vulnérabilité suicidaire ? », in *Suicides et tentatives de suicide, et al,* Paris, Flammarion Médecine-Sciences, 39-65.

COURTET P, (2011), « The neuroscience of suicidal behaviors : what can we expect from endophenotype strategies? », *Transl Psychiatry*, 1, e7.

DAMMER HR, (2002), « The reasons for religious involvement in the correctional environment », *Journal of Offender Rehabilitation,* 35, 35-58.

DAWKINS R, (2006), *The God Delusion,* New York, Houghton Mifflin Company.

DE BELLIS MD, (1999a), « A.E. Bennett Research Award. Developmental traumatology. Part I : Biological stress systems », *Biol Psychiatry*, 45, 10, 1259-1270.

DE BELLIS MD, (1999b), « A.E. Bennett Research Award. Developmental traumatology. Part II : Brain development », *Biol Psychiatry*, 45, 10, 1271-1284.

DE CATANZARO D, (1981), *Suicide and self-damaging behavior : a sociobiological perspective,* New York, Academic Press.

DE CATANZARO D, (1984), « Suicidal ideation and the residual capacity to promote inclusive fitness : a survey », *Suicide Life Threat Behav,* 14, 2, 75-87.

DE LEO D, (2002), « Suicide among the elderly : the long-term impact of a telephone support and assessment intervention in northern Italy », *Br J Psychiatry,* 181, 226-229.

DE VANNA M, (1990), « Recent life events and attempted suicide », *J Affect Disord,* 18, 1, 51-58.

DEBIEN C, (2010), « Urgences psychiatriques et problématiques suicidaires : un rendez-vous à ne pas manquer ! », in Courtet P. et al, *Suicides et tentatives de suicide,* , Paris, Flammarion, 265-270.

DEJONG TM, (1994), « Ambulatory mental health care for migrants in the Netherlands », *Curare,* 17, 5-34.

DEJONG TM, (2010), « Apples to oranges ? A direct comparison between suicide attempters and suicide completers », *J Affect Disord,* 124, 1-2, 90-97.

DELGADO-GOMEZ D, (2011), « Improving the accuracy of suicide attempter classification », *Artif Intell Med,* 52, 3, 165-168.

DERVIC K, (2004), « Religious affiliation and suicide attempt », *Am J Psychiatry,* 161, 12, 2303-2308.

DIAZGRANADOS N, (2010), « Rapid resolution of suicidal ideation after a single infusion of an N-methyl-D-aspartate antagonist in patients with treatment-resistant major depressive disorder », *J Clin Psychiatry,* 71, 12, 1605-1611. Disponible sur www.biusante.parisdescartes.fr

DOISE W, (1986), *L'études des représentations sociales,* Delachaux & Niestlé.

DOMBROVSKI AY, (2010), « Reward/Punishment reversal learning in older suicide attempters », *Am J Psychiatry,* 167, 6, 699-707.

DOME P, (2010), « Season of birth is significantly associated with the risk of completed suicide », *Biol Psychiatry,* 68, 2, 148-155.

DOMINO G, (1995), « Attitudes toward suicide among English-speaking urban Canadians », *Death Studies,* 19, 489-500.

DREES, (2008), Panel d'observation des pratiques et des conditions d'exercice en médecine générale, novembre 2008. Disponible sur : www.drees.sante.gouv.fr

DRIESSEN M, (2000), « Magnetic resonance imaging volumes of the hippocampus and the amygdala in women with borderline personality disorder and early traumatization », *Arch Gen Psychiatry,* 57, 12, 1115-1122.

DUBERSTEIN PR, (1993), « Interpersonal stressors, substance abuse, and suicide », *J Nerv Ment Dis,* 181, 2, 80-85.

DUBET F, (1987), *La galère : les jeunes en survie* Paris, Fayard.

DURAND C, (2002), « Perceptions du suicide : qui pense quoi ? Et qu'est-ce que ça implique ? », Montréal.

DURKHEIM E, (1897), *Le suicide,* Paris Presses Universitaires de France.

DUTHÉ G, (2010), Suicide en prison en France. Évolution depuis 50 ans et facteurs de risque, Journée d'étude internationale, Direction de l'administration pénitentiaire, N°78 « Collection Travaux Et Document ».

DUTHÉ G, (2011), « L'augmentation du suicide en France depuis 1945 », *Bulletin épidémiologique hebdomadaire,* 47-48, 504-508.

DYRBYE LN, (2008), « Burnout and suicidal ideation among U.S. medical students », *Ann Intern Med*, 149, 5, 334-341.

EAGLES JM, (1991), « The relationship between schizophrenia and immigration. Are there alternatives to psychosocial hypotheses ? », *Br J Psychiatry*, 159, 783-789.

EGELAND JA, (1985), « Suicide and family loading for affective disorders », *JAMA*, 254, 7, 915-918.

EHNVALL A, (2008), « Perception of rejecting and neglectful parenting in childhood relates to lifetime suicide attempts for females–but not for males », *Acta Psychiatr Scand*, 117, 1, 50-56.

EISENBERGER NI, (2012), « The pain of social disconnection : examining the shared neural underpinnings of physical and social pain », *Nat Rev Neurosci*, 13, 6, 421-434.

EISENBERGER NI, (2003), « Does rejection hurt ? An FMRI study of social exclusion », *Science*, 302, 5643, 290-292.

EVANS J, (2005), « Crisis card following self-harm : 12-month follow-up of a randomised controlled trial », *Br J Psychiatry*, 187, 186-187.

FALISSARD B, (2006), « Prevalence of mental disorders in French prisons for men », *BMC Psychiatry*, 6, 33.

FAZEL S, (2008), « Suicide in prisoners : a systematic review of risk factors », *J Clin Psychiatry*, 69, 11, 1721-1731.

FERGUSSON DM, (1987), « Vulnerability to life events exposure », *Psychol Med*, 17, 3, 739-749.

FERGUSSON DM, (2000), « Risk factors and life processes associated with the onset of suicidal behaviour during adolescence and early adulthood », *Psychol Med*, 30, 1, 23-39.

FERRADA-NOLI M, (1995), « Definite and undetermined forensic diagnoses of suicide among immigrants in Sweden », *Acta Psychiatr Scand*, 91, 2, 130-135.

FERREIRA DE CASTRO E, (1998), « Parasuicide and mental disorders », *Acta Psychiatr Scand*, 97, 1, 25-31.

FISHER HE, (2006), « Romantic love : a mammalian brain system for mate choice », *Philos Trans R Soc Lond B Biol Sci*, 361, 1476, 2173-2186.

FOSTER T, (2011), « Adverse life events proximal to adult suicide : a synthesis of findings from psychological autopsy studies », *Arch Suicide Res*, 15, 1, 1-15.

FRANCES A, (1986), « Personality and suicide », *Ann N Y Acad Sci*, 487, 281-293.

FRANK E, (1999), « Self-reported depression and suicide attempts among U.S. women physicians », *Am J Psychiatry*, 156, 12, 1887-1894.

GARNIER C, (2005), Rapport de recherche « Systèmes de représentations sociales liées à la prescription et à l'observance des médicaments : le cas des antibiotiques, des anti-inflammatoires et des antidépresseurs ».

GARNO JL, (2005), « Impact of childhood abuse on the clinical course of bipolar disorder », *Br J Psychiatry*, 186, 121-125.

GARSSEN MJ, (2006), « Suicide among migrant populations and native Dutch in The Netherlands », *Ned Tijdschr Geneeskd*, 150, 39, 2143-2149.

GARVEY MJ, (1980), « Suicide attempts in antisocial personality disorder », *Compr Psychiatry*, 21, 2, 146-149.

GIBBONS RD, (2012), « Suicidal thoughts and behavior with antidepressant treatment : reanalysis of the randomized placebo-controlled studies of fluoxetine and venlafaxine », *Arch Gen Psychiatry*, 69, 6, 580-587.

GILLIERON E, (1989), « Short psychotherapeutic interventions (four sessions) », *Psychother Psychosom*, 51, 1, 32-37.

GINER L, (2011), *Diferencias en la conducta suicida : Diferencias entre el suicidio consumado e intentos de suicidio*, Universidad Autónoma de Madrid.

GIVENS JL, (2002), « Depressed medical students' use of mental health services and barriers to use », *Acad Med*, 77, 9, 918-921.

GOFFMAN E, (2007), *Asiles : Études sur la condition sociale des malades mentaux*, Paris, Les Éditions de Minuit.

GOLD DD, JR., (1987), « Suicide attempt : one diagnosis, multiple disorders », *South Med J*, 80, 6, 677-682.

GOLD MS, (2005), « Physician suicide and drug abuse », *Am J Psychiatry*, 162, 7, 1390 ; author reply 1390.

GOLDBERG JF, (2005), « Development of posttraumatic stress disorder in adult bipolar patients with histories of severe childhood abuse », *J Psychiatr Res*, 39, 6, 595-601.

GOLDBERG JF, (2005), « Suicidal ideation and pharmacotherapy among STEP-BD patients », *Psychiatr Serv*, 56, 12, 1534-1540.

GONDA X, (2012), « Star-crossed ? The association of the 5-HTTLPR s allele with season of birth in a healthy female population, and possible consequences for temperament, depression and suicide », *J Affect Disord*, 143, 1-3, 75-83.

GOODWIN FK, (2003), « Suicide risk in bipolar disorder during treatment with lithium and divalproex », *JAMA*, 290, 11, 1467-1473.

GOODYER IM, (2002), « Social adversity and mental functions in adolescents at high risk of psychopathology. Position paper and suggested framework for future research », *Br J Psychiatry*, 181, 383-386.

GOULD F, (2012), « The effects of child abuse and neglect on cognitive functioning in adulthood », *J Psychiatr Res*, 46, 4, 500-506.

GOURION D, (2004), « Neurodevelopmental hypothesis in schizophrenia », *Encephale*, 30, 2, 109-118.

GRABENHORST F, (2011), « Value, pleasure and choice in the ventral prefrontal cortex », *Trends Cogn Sci*, 15, 2, 56-67.

GRADUS JL, (2010), « Acute stress reaction and completed suicide », *Int J Epidemiol*, 39, 6, 1478-1484.

GRAFF J, (2011), « Epigenetic regulation of gene expression in physiological and pathological brain processes », *Physiol Rev*, 91, 2, 603-649.

GROS DF, (2011), « Managing suicidality in home-based telehealth », *J Telemed Telecare*, 17, 6, 332-335.

GUILLAUME S, (2013), « HPA axis genes may modulate the effect of childhood adversities on decision-making in suicide attempters », *J Psychiatr Res*, 47, 2, 259-265.

GUNNELL D, (2005), « Low intelligence test scores in 18 year old men and risk of suicide : cohort study », *BMJ*, 330, 7484, 167.

GUNTER TD, (2012), « Relative contributions of gender and traumatic life experience to the prediction of mental disorders in a sample of incarcerated offenders », *Behav Sci Law*, 30, 5, 615-630.

HAASEN C, (1998), « Impact of ethnicity on the prevalence of psychiatric disorders among migrants in Germany », *Ethn Health*, 3, 3, 159-165.

HAGEN EH, (2003), « The bargaining model of depression », *in Genetic and*

Cultural Evolution of Cooperation, et al, Cambridge, MIT Press, 95-123.

HAILEY D, (2008), « The effectiveness of telemental health applications : a review », *Can J Psychiatry*, 53, 11, 769-778.

HALBWACHS M, (1930), *Les causes du suicide*, Paris, Presses Universitaires de France, 2002.

HAMMAD TA, (2006), « Suicide rates in short-term randomized controlled trials of newer antidepressants », *J Clin Psychopharmacol*, 26, 2, 203-207.

HAMPTON T, (2005), « Experts address risk of physician suicide », *JAMA*, 294, 10, 1189-1191.

HARLOW HF, (1965), « The affectional systems », *in Behavior of non human primate, et al*, New York, New York Academic Press.

HARRIS EC, (1997), « Suicide as an outcome for mental disorders. A meta-analysis », *Br J Psychiatry*, 170, 205-228.

HARRISON G, (1988), « A prospective study of severe mental disorder in Afro-Caribbean patients », *Psychol Med*, 18, 3, 643-657.

HAS/ANAES, (1998), Recommandations pour la pratique clinique. Prise en charge hospitalière des adolescents après une tentative de suicide, www.anaes.fr.

HATCHER S, (2011), « Problem-solving therapy for people who present to hospital with self-harm : Zelen randomised controlled trial », *Br J Psychiatry*, 199, 4, 310-316.

HAW C, (2001), « Psychiatric and personality disorders in deliberate self-harm patients », *Br J Psychiatry*, 178, 1, 48-54.

HAWTON K, (2001), « Suicide in doctors : a study of risk according to gender, seniority and specialty in medical practitioners in England and Wales, 1979-1995 », *J Epidemiol Community Health*, 55, 5, 296-300.

HAWTON K, (2000), « Doctors who kill themselves : a study of the methods used for suicide », *QJM*, 93, 6, 351-357.

HAWTON K, (1993), « Factors associated with suicide after parasuicide in young people », *BMJ*, 306, 6893, 1641-1644.

HAWTON K, (2009), « Suicide », *Lancet*, 373, 9672, 1372-1381.

HAYS LR, (1996), « Medical student suicide, 1989-1994 », *Am J Psychiatry*, 153, 4, 553-555.

HEIKKINEN M, (1997a), « Psychosocial factors and completed suicide in personality disorders », *Acta Psychiatr Scand*, 95, 1, 49-57.

HEIKKINEN M, (1992), « Recent life events and their role in suicide as seen by the spouses », *Acta Psychiatr Scand*, 86, 6, 489-494.

HEIKKINEN M, (1994), « Recent life events, social support and suicide », *Acta Psychiatr Scand Suppl*, 377, 65-72.

HEIKKINEN ME, (1997b), « Recent life events and suicide in personality disorders », *J Nerv Ment Dis*, 185, 6, 373-381.

HEIM C, (2001), « The role of childhood trauma in the neurobiology of mood and anxiety disorders : preclinical and clinical studies », *Biol Psychiatry*, 49, 12, 1023-1039.

HEIM C, (2000), « Pituitary-adrenal and autonomic responses to stress in women after sexual and physical abuse in childhood », *JAMA*, 284, 5, 592-597.

HEISEL MJ, (2007), « Narcissistic personality and vulnerability to late-life suicidality », *Am J Geriatr Psychiatry*, 15, 9, 734-741.

HENDIN H, (2003), « A physician's suicide, *Am J Psychiatry*, 160, 12, 2094-2097.

HIGLEY JD, (1991), « CSF monoamine metabolite concentrations vary according to age, rearing, and sex, and are influenced by the stressor of social separation in rhesus monkeys », *Psychopharmacology (Berl)*, 103, 4, 551-556.

HJERN A, (2002), « Suicide in first- and second-generation immigrants in Sweden : a comparative study », *Soc Psychiatry Psychiatr Epidemiol*, 37, 9, 423-429.

HOGE EA, (2012), « Effect of acute posttrauma propranolol on PTSD outcome and physiological responses during script-driven imagery », *CNS Neurosci Ther*, 18, 1, 21-27.

HOLDEN RR, (2001), « Development and preliminary validation of a scale of psychache", *Can J Behav Sci*.

HOLMES TH, (1967), « The Social Readjustment Rating Scale », *J Psychosom Res*, 11, 2, 213-218.

HOOFF AJLv, (1990), *From Autothanasia to Suicide : Self-killing in Classical Antiquity*, New York, Routledge, 2002.

HUGHES PH, (1992), « Resident physician substance use, by specialty », *Am J Psychiatry*, 149, 10, 1348-1354.

HUGUELET P, (2007), « Effect of religion on suicide attempts in outpatients with schizophrenia or schizo-affective disorders compared with inpatients with non-psychotic disorders », *Eur Psychiatry*, 22, 3, 188-194.

HYER L, (1990), « Suicidal behavior among chronic Vietnam theatre veterans with PTSD », *J Clin Psychol*, 46, 6, 713-721.

IDE N, (2012), « Suicide of first-generation immigrants in Australia, 1974-2006 », *Soc Psychiatry Psychiatr Epidemiol*, 47, 12, 1917-1927.

INNAMORATI M, (2008), « Completed versus attempted suicide in psychiatric patients : a psychological autopsy study », *J Psychiatr Pract*, 14, 4, 216-224.

ISACSSON G, (2000), « Suicide prevention, a medical breakthrough ? », *Acta Psychiatr Scand*, 102, 2, 113-117.

ISNAR-IMG, (2011), *Amélioration des conditions de travail des internes de médecine générale : des droits des internes à la prévention du burn-out. Guide pratique à l'usage des Administrateurs.*

JACOBS DG, (2006), « Application of The APA Practice Guidelines on Suicide to Clinical Practice », *CNS Spectr*, 11, 6, 447-454.

JODELET DSLDD, (1994), *Les representations sociales,* Paris, Presses Universitaires de France, 1994.

JOHANSSON LM, (1997), « Suicide among foreign-born minorities and Native Swedes : an epidemiological follow-up study of a defined population », *Soc Sci Med*, 44, 2, 181-187.

JOKINEN J, (2008a), « HPA axis hyperactivity as suicide predictor in elderly mood disorder inpatients », *Psychoneuroendocrinology*, 33, 10, 1387-1393.

JOKINEN J, (2008b), « ROC analysis of dexamethasone suppression test threshold in suicide prediction after attempted suicide », *J Affect Disord*, 106, 1-2, 145-152.

JOKINEN J, (2012), « Low CSF oxytocin reflects high intent in suicide attempters », *Psychoneuroendocrinology*, 37, 4, 482-490.

JOKINEN J, (2010), « Noradrenergic function and HPA axis dysregulation in suicidal behaviour », *Psychoneuroendocrinology*, 35, 10, 1536-1542.

JOLLANT F, (2007a), « Impaired decision-making in suicide attempters may increase the risk of problems in affective relationships », *J Affect Disord*, 99, 1-3, 59-62.

JOLLANT F, (2007b), « The influence of four serotonin-related genes on decision-making in suicide attempters », *Am J Med Genet B Neuropsychiatr Genet*, 144B, 5, 615-624.

JOLLANT F, (2007c), « Psychiatric diagnoses and personality traits associated with disadvantageous decision-making », *Eur Psychiatry*, 22, 7, 455-461.

JOLLANT F, (2005), « Impaired decision making in suicide attempters », *Am J Psychiatry*, 162, 2, 304-310.

JOLLANT F, (2011), « The suicidal mind and brain : a review of neuropsychological and neuroimaging studies », *World J Biol Psychiatry*, 12, 5, 319-339.

JOLLANT F, (2008), « Orbitofrontal cortex response to angry faces in men with histories of suicide attempts », *Am J Psychiatry*, 165, 6, 740-748.

JOLLANT F, (2010), « Decreased activation of lateral orbitofrontal cortex during risky choices under uncertainty is associated with disadvantageous decision-making and suicidal behavior », *Neuroimage*, 51, 3, 1275-1281.

JONES RB, (2001), « The accessibility of computer-based health information for patients : kiosks and the web », *Stud Health Technol Inform*, 84, Pt 2, 1469-1473.

JONG M, (2004), « Managing suicides via videoconferencing in a remote northern community in Canada », *Int J Circumpolar Health*, 63, 4, 422-430.

JOSEPHSON AM, (2004), *Handbook of spirituality and worldview in clinical practice*, Washington D.C, American Psychiatric Pub.

KAPUSTA ND, (2007), « Firearm legislation reform in the European Union : impact on firearm availability, firearm suicide and homicide rates in Austria », *The British journal of psychiatry : the journal of mental science*, 191, 253-257.

KAPUSTA ND, (2011), « Lithium in drinking water and suicide mortality », *Br J Psychiatry*, 198, 5, 346-350.

KELLER MC, (2007), « Association of different adverse life events with distinct patterns of depressive symptoms », *Am J Psychiatry*, 164, 10, 1521-1529 ; quiz 1622.

KELLY TM, (2000), « Recent life events, social adjustment, and suicide attempts in patients with major depression and borderline personality disorder », *J Pers Disord*, 14, 4, 316-326.

KENDLER KS, (2003), « Personality and the experience of environmental adversity », *Psychol Med*, 33, 7, 1193-1202.

KENDLER KS, (1995), « Evaluating the spectrum concept of schizophrenia in the Roscommon Family Study », *Am J Psychiatry*, 152, 5, 749-754.

KERLEY KR, (2009), « Keepin' my mind right : identity maintenance and religious social support in the prison context », *Int J Offender Ther Comp Criminol*, 53, 2, 228-244.

KERNBERG O, (1984a), *Aggression in Personality Disorders and Perversions*, New Haven, Yale University Press.

KERNBERG O, (1984b), *Severe Personality Disorders*, New Haven, Yale University Press,.

KHAN A, (2002), « Suicide risk in patients with anxiety disorders : a meta-analysis of the FDA database », *J Affect Disord*, 68, 2-3, 183-190.

KING EA, (2001), « The Wessex Recent In-Patient Suicide Study, 1. Case-control study of 234 recently discharged psychiatric patient suicides », *Br J Psychiatry*, 178, 531-536.

KLIEWER EV, (1988), « Convergence of immigrant suicide rates to those in the destination country », *Am J Epidemiol*, 127, 3, 640-653.

KNOX KL, (2004), « If suicide is a public health problem, what are we doing to prevent it ? », *Am J Public Health*, 94, 1, 37-45.

KOENIG HG, (2007), « Physician attitudes toward treatment of depression in older medical inpatients », *Aging Ment Health*, 11, 2, 197-204.

KOENIG HG, (2012), *Handbook of religion and health,* New York, Oxford University Press,.

KOLVES K, (2010), « Suicidal ideation and behaviour in the aftermath of marital separation : gender differences », *J Affect Disord*, 120, 1-3, 48-53.

KOLVES K, (2006), « Recent life events and suicide : a case-control study in Tallinn and Frankfurt », *Soc Sci Med*, 62, 11, 2887-2896.

KOSIDOU K, (2012), « Immigration, transition into adult life and social adversity in relation to psychological distress and suicide attempts among young adults », *PLoS One*, 7, 10, e46284.

KOTLER P, (1996), *Marketing for nonprofit organizations,* Upper Saddle River, N.J., Prentice-Hall.

KOTLER P, (1971), « Social marketing : an approach to planned social change. », *Journal of Marketing*, 35, 3, 3-12.

KRYSINSKA K, (2010), « Post-traumatic stress disorder and suicide risk : a systematic review », *Arch Suicide Res*, 14, 1, 1-23.

KUDIELKA BM, (2004), « HPA axis responses to laboratory psychosocial stress in healthy elderly adults, younger adults, and children : impact of age and gender », *Psychoneuroendocrinology*, 29, 1, 83-98.

LAMARCHE K, (2011), « Suicide chez les médecins. Enquête descriptive auprès des psychiatres de Loire-Atlantique », Département de Médecine, Université de Nantes.

LAU HC, (2004), « Willed action and attention to the selection of action », *Neuroimage*, 21, 4, 1407-1415.

LAWRENCE NS, (2009), « Distinct roles of prefrontal cortical subregions in the Iowa Gambling Task », *Cereb Cortex*, 19, 5, 1134-1143.

LE DOUX JE, (1989), « Indebility of subcortical emotional memories p. 238-243 », *J. Cogn. Neurosci*, p. 238-243.

LEBOYER M, (2005), « Suicidal disorders : a nosological entity per se? », *Am J Med Genet C Semin Med Genet*, 133C, 1, 3-7.

LEE S, (2007), « Attitudes toward suicide among Chinese people in Hong Kong », *Suicide Life Threat Behav*, 37, 5, 565-575.

LEFEBVRE DC, (2012), « Perspective : Resident physician wellness : a new hope », *Acad Med*, 87, 5, 598-602.

LEMOGNE C, (2011), « Negative affectivity, self-referential processing and the cortical midline structures », *Soc Cogn Affect Neurosci*, 6, 4, 426-433.

LEOPOLD Y, (2003), Rapport au CNOM sur le suicide des médecins en France

LESAGE A, (2008), « Systematic services audit of consecutive suicides in New Brunswick : the case for coordinating specialist mental health and addiction services », *Can J Psychiatry*, 53, 10, 671-678.

LESCH KP, (2006), « Inactivation of 5HT transport in mice : modeling altered 5HT homeostasis implicated in emotional dysfunction, affective disorders, and somatic syndromes », *Handb Exp Pharmacol*, 175, 417-456.

LESTER D, (1992), « The dexamethasone suppression test as an indicator of suicide : a meta-analysis », *Pharmacopsychiatry*, 25, 6, 265-270.

LESTER D, (2000), « Psychache, depression, and personality », *Psychol Rep*, 87, 3 Pt 1, 940.

LEVERICH GS, (2002), « Early physical and sexual abuse associated with an adverse course of bipolar illness », *Biol Psychiatry*, 51, 4, 288-297.

LEVI Y, (2008), « Mental pain and its communication in medically serious suicide attempts : an "impossible situation" », *J Affect Disord*, 111, 2-3, 244-250.

LEVITAN RD, (2003), « Childhood adversities associated with major depression and/or anxiety disorders in a community sample of Ontario : issues of comorbidity and specificity », *Depress Anxiety*, 17, 1, 34-42.

LEVITT L, (2009), « The influence of religious participation on the adjustment of female inmates », *Am J Orthopsychiatry*, 79, 1, 1-7.

LI Y, (2012), « Factors associated with suicidal behaviors in mainland China : a meta-analysis », *BMC Public Health*, 12, 524.

LIE B, (2002), « A 3-year follow-up study of psychosocial functioning and general symptoms in settled refugees », *Acta Psychiatr Scand*, 106, 6, 415-425.

LINDON D, (2005), *Le marketing*, Paris, Dunod.

LINDQVIST D, (2008), « Suicidal intent and the HPA-axis characteristics of suicide attempters with major depressive disorder and adjustment disorders », *Arch Suicide Res*, 12, 3, 197-207.

LINEHAN MM, (1986), « Suicidal people. One population or two ? », *Ann NY Acad Sci*, 487, 16-33.

LIU X, (2005), « Life events, psychopathology, and suicidal behavior in Chinese adolescents », *J Affect Disord*, 86, 2-3, 195-203.

LOPEZ-CASTROMAN J, (2012), « Suicidal phenotypes associated with family history of suicidal behavior and early traumatic experiences », *J Affect Disord*, 142, 1-3, 193-199.

LOPEZ-CASTROMAN J, (2011), « Distinguishing the relevant features of frequent suicide attempters », *J Psychiatr Res*, 45, 5, 619-625.

LOPEZ JF, (1992), « Localization and quantification of pro-opiomelanocortin mRNA and glucocorticoid receptor mRNA in pituitaries of suicide victims », *Neuroendocrinology*, 56, 4, 491-501.

LUPIEN SJ, (2009), « Effects of stress throughout the lifespan on the brain, behaviour and cognition », *Nat Rev Neurosci*, 10, 6, 434-445.

MAIN M, (1990), « Parent's unresolved traumatic experience are related to infant disorganised attachment status : is frightened and/or frightening parental behavior the linking mechanism ? », *in Attachment in the preschool years : theory, research and intervention, et al*, Chicago, University of Chicago Press, 161-182.

MALENFANT EC, (2004), « Suicide in Canada's immigrant population », *Health Rep*, 15, 2, 9-17.

MALLOY-DINIZ LF, (2009), « Suicide behavior and neuropsychological assessment of type I bipolar patients », *J Affect Disord*, 112, 1-3, 231-236.

MALONE KM, (2000), « Protective factors against suicidal acts in major depression : reasons for living », *Am J Psychiatry*, 157, 7, 1084-1088.

MANDHOUJ O, (soumis), « Spirituality and religion among French prisoners :

an effective coping resource ? », *International Journal of Offender Therapy and Comparative Criminology.*

MANIGLIO R, (2011), « The role of child sexual abuse in the etiology of suicide and non-suicidal self-injury », *Acta Psychiatr Scand*, 124, 1, 30-41.

MANN JJ, (1999a), « The neurobiology of suicide risk : a review for the clinician », *J Clin Psychiatry*, 60 Suppl 2, 7-11 ; discussion 18-20, 113-116.

MANN JJ, (1999b), « Toward a clinical model of suicidal behavior in psychiatric patients », *Am J Psychiatry*, 156, 2, 181-189.

MANN JJ, (2003), « Neurobiology of suicidal behaviour », *Nat Rev Neurosci*, 4, 10, 819-828.

MANN JJ, (2009), « Candidate endophenotypes for genetic studies of suicidal behavior », *Biol Psychiatry*, 65, 7, 556-563.

MANN JJ, (2012), « Medication in Suicide Prevention Insights from Neurobiology of Suicidal Behavior ».

MANN JJ, (2006), « Can biological tests assist prediction of suicide in mood disorders? », *Int J Neuropsychopharmacol*, 9, 4, 465-474.

MANN JJ, (2000), « A serotonin transporter gene promoter polymorphism (5-HTTLPR) and prefrontal cortical binding in major depression and suicide », *Arch Gen Psychiatry*, 57, 8, 729-738.

MANN JJ, (1997), « A synthesis of current findings regarding neurobiological correlates and treatment of suicidal behavior », *Ann N Y Acad Sci*, 836, 352-363.

MARIS RW, (2000), *Comprehensive textbook of suicidology,* New York, Guilford.

MARTINO DJ, (2010), « Decision making in euthymic bipolar I and bipolar II disorders », *Psychol Med*, 1-9.

MARTTUNEN MJ, (1994), « Psychosocial stressors more common in adolescent suicides with alcohol abuse compared with depressive adolescent suicides », *J Am Acad Child Adolesc Psychiatry*, 33, 4, 490-497.

MASLACH C, (1986), *Maslach Burnout Inventory : manual edition,* Palo Alto CA, Consulting Psychologists Press.

MATSUMOTO M, (2005), « Early postnatal stress alters the 5-HTergic modulation to emotional stress at postadolescent periods of rats », *Hippocampus*, 15, 6, 775-781.

MAURRAS C, (2011), *La bonne mort,* Paris, L'Herne.

MAYNARD MJ, (2012), « Trends in suicide among migrants in England and Wales 1979-2003 », *Ethn Health*, 17, 1-2, 135-140.

MCCLAIN CS, (2003), « Effect of spiritual well-being on end-of-life despair in terminally-ill cancer patients », *Lancet*, 361, 9369, 1603-1607.

MCEWEN BS, (2003), « Early life influences on life-long patterns of behavior and health », *Ment Retard Dev Disabil Res Rev*, 9, 3, 149-154.

MCGIRR A, (2009), « Familial aggregation of suicide explained by cluster B traits : a three-group family study of suicide controlling for major depressive disorder », *Am J Psychiatry*, 166, 10, 1124-1134.

MCGIRR A, (2013), « Neurocognitive alterations in first degree relatives of suicide completers », *J Affect Disord*, 145, 2, 264-269.

MCGOWAN PO, (2009), « Epigenetic regulation of the glucocorticoid receptor in human brain associates with childhood abuse », *Nat Neurosci*, 12, 3, 342-348.

MCGOWAN PO, (2010), « The epigenetics of social adversity in early life :

implications for mental health outcomes », *Neurobiol Dis*, 39, 1, 66-72.

MEE S, (2011), « Assessment of psychological pain in major depressive episodes », *J Psychiatr Res*, 45, 11, 1504-1510.

MELTZER HY, (2003), « Clozapine treatment for suicidality in schizophrenia : International Suicide Prevention Trial (InterSePT) », *Arch Gen Psychiatry*, 60, 1, 82-91.

MILLS JF, (2005), « An evaluation of the Psychache Scale on an offender population », *Suicide Life Threat Behav*, 35, 5, 570-580.

MINOIS G, (1995), *Histoire du suicide : la société occidentale face à la mort volontaire,* Paris, Fayard.

MISHIMA Y, (1975), *Le pavillon d'or,* Paris, Gallimard.

MITCHELL DG, (2002), « Risky decisions and response reversal : is there evidence of orbitofrontal cortex dysfunction in psychopathic individuals ? », *Neuropsychologia*, 40, 12, 2013-2022.

MITTENDORFER-RUTZ E, (2004), « Restricted fetal growth and adverse maternal psychosocial and socioeconomic conditions as risk factors for suicidal behaviour of offspring : a cohort study », *Lancet*, 364, 9440, 1135-1140.

MOHR S, (2010), « Delusions with religious content in patients with psychosis : how they interact with spiritual coping », *Psychiatry*, 73, 2, 158-172.

MOHR S, (2006), « Toward an integration of spirituality and religiousness into the psychosocial dimension of schizophrenia », *Am J Psychiatry*, 163, 11, 1952-1959.

MORGAN C, (2010), « Migration, ethnicity, and psychosis : toward a sociodevelopmental model », *Schizophr Bull*, 36, 4, 655-664.

MOSCOVICI S, (1984), *Social Representations,* Cambridge & Paris, Éditions de la maison des sciences de l'homme & Cambridge University Press.

MOTTO JA, (2001), « A randomized controlled trial of postcrisis suicide prevention », *Psychiatr Serv*, 52, 6, 828-833.

MULLEN PE, (1996), « The long-term impact of the physical, emotional, and sexual abuse of children : a community study », *Child Abuse Negl*, 20, 1, 7-21.

MURPHY GE, (1967), « Social factors in suicide », *JAMA*, 199, 5, 303-308.

NEELEMAN J, (2004), « The suicidal process ; prospective comparison between early and later stages », *J Affect Disord*, 82, 1, 43-52.

NEELEMAN J, (1997), « Suicide by age, ethnic group, coroners' verdicts and country of birth. À three-year survey in inner London », *Br J Psychiatry*, 171, 463-467.

NERIA Y, (2008), « Trauma exposure and posttraumatic stress disorder among primary care patients with bipolar spectrum disorder », *Bipolar Disord*, 10, 4, 503-510.

NEUMAYER E, (2003), « Socioecomonic factors and suicide rates at large-unit aggregate levels : a comment », *Urban Studies*, 40, 2768-2776.

NOCK MK, (2010), « Mental disorders, comorbidity and suicidal behavior : results from the National Comorbidity Survey Replication », *Mol Psychiatry*, 15, 8, 868-876.

ODEGAARD O, (1932), « Migration and insanity. À study of mental disease among the Norwegian population of Minnesota », *Acta Psych Neurol Scand* 4, 201-232.

OLDERSHAW A, (2009), « Decision making and problem solving in adolescents who deliberately self-harm », *Psychol Med*, 39, 1, 95-104.

OLIE E, (2010), « Higher psychological pain during a major depressive episode may be a factor of vulnerability to suicidal ideation and act », *J Affect Disord*, 120, 1-3, 226-230.

OMS, (1999), Rapport mondial sur la violence et la santé, www.who.int.

ONFRAY M, (2005), *Traité d'athéologie*, Paris, Grasset.

ONODA K, (2009), « Decreased ventral anterior cingulate cortex activity is associated with reduced social pain during emotional support », *Soc Neurosci*, 4, 5, 443-454.

OORDT MS, (2009), « Training mental health professionals to assess and manage suicidal behavior : can provider confidence and practice behaviors be altered ? », *Suicide Life Threat Behav*, 39, 1, 21-32.

OQUENDO M, (2005), « Posttraumatic stress disorder comorbid with major depression : factors mediating the association with suicidal behavior », *Am J Psychiatry*, 162, 3, 560-566.

OQUENDO MA, (2008), « Issues for DSM-V : suicidal behavior as a separate diagnosis on a separate axis », *Am J Psychiatry*, 165, 11, 1383-1384.

OQUENDO MA, (2003), « Association of comorbid posttraumatic stress disorder and major depression with greater risk for suicidal behavior », *Am J Psychiatry*, 160, 3, 580-582.

OQUENDO MA, (2011), « Treatment of suicide attempters with bipolar disorder : a randomized clinical trial comparing lithium and valproate in the prevention of suicidal behavior », *Am J Psychiatry*, 168, 10, 1050-1056.

OQUENDO MA, (2004), « Protection of human subjects in intervention research for suicidal behavior », *Am J Psychiatry*, 161, 9, 1558-1563.

ORBACH I, (2003), « Mental pain : a multidimensional operationalization and definition », *Suicide Life Threat Behav*, 33, 3, 219-230.

ORDRE DES MÉDECINS, (2012), La Lettre de l'Ordre des Médecins de l'Hérault. Numéro spécial entraide.

OTTO MW, (2004), « Posttraumatic stress disorder in patients with bipolar disorder : a review of prevalence, correlates, and treatment strategies », *Bipolar Disord*, 6, 6, 470-479.

OVERHOLSER JC, (1996), « The dependent personality and interpersonal problems », *J Nerv Ment Dis*, 184, 1, 8-16.

OVERHOLSER JC, (2012), « Understanding suicide risk : identification of high-risk groups during high-risk times », *J Clin Psychol*, 68, 3, 349-361.

OXENSTIERNA G, (1986), « Concentrations of monoamine metabolites in the cerebrospinal fluid of twins and unrelated individuals–a genetic study », *J Psychiatr Res*, 20, 1, 19-29.

PAGURA J, (2010), « Comorbidity of borderline personality disorder and posttraumatic stress disorder in the U.S. population », *J Psychiatr Res*, 44, 16, 1190-1198.

PAIMM, www.paimm.fr.

PAMQ, www.pamq.org.

PANKSEPP J, (1998), *Affective neuroscience*, Oxford, Oxford University press.

PARGAMENT K, (1998), *Religion and coping. In Handbook of religion and mental health*, San Diego, Academic Press.

PATEL SP, (1996), « Suicide among immigrants from the Indian subcontinent : a review », *Psychiatr Serv*, 47, 5, 517-521.

PAUGAM S, (2007), *Le salarié de la précarité. Les nouvelles formes de l'intégration professionnelle*, Paris, Presses Universitaires de France.

PAUGAM S, (2009), *La disqualification sociale* Paris, Presses Universitaires de France.

PAYKEL ES, (1976), « Life stress, depression and attempted suicide », *J Human Stress*, 2, 3, 3-12.

PENA JB, (2008), « Immigration generation status and its association with suicide attempts, substance use, and depressive symptoms among latino adolescents in the USA », *Prev Sci*, 9, 4, 299-310.

PERKINS HS, (2012), « Diversity of patients' beliefs about the soul after death and their importance in end-of-life care », *South Med J*, 105, 5, 266-272.

PERROUD N, (2008), « Interaction between BDNF Val66Met and childhood trauma on adult's violent suicide attempt », *Genes Brain Behav*, 7, 3, 314-322.

PERROUD N, (2011), « Increased methylation of glucocorticoid receptor gene (NR3C1) in adults with a history of childhood maltreatment : a link with the severity and type of trauma », *Transl Psychiatry*, 1, e59.

PFENNIG A, (2005), « Hypothalamus-pituitary-adrenal system regulation and suicidal behavior in depression », *Biol Psychiatry*, 57, 4, 336-342.

PIHLAKOSKI L, (2006), « The continuity of psychopathology from early childhood to preadolescence : a prospective cohort study of 3-12-year-old children », *Eur Child Adolesc Psychiatry*, 15, 7, 409-417.

PIRKOLA SP, (2004), « Suicide in alcohol-dependent individuals : epidemiology and management », *CNS Drugs*, 18, 7, 423-436.

PITCHOT W, (2003), « Catecholamine and HPA axis dysfunction in depression : relationship with suicidal behavior », *Neuropsychobiology*, 47, 3, 152-157.

PITCHOT W, (2008), « Vasopressin-neurophysin and DST in major depression : relationship with suicidal behavior », *J Psychiatr Res*, 42, 8, 684-688.

PITMAN RK, (2002), « Pilot study of secondary prevention of posttraumatic stress disorder with propranolol », *Biol Psychiatry*, 51, 2, 189-192.

POMPILI M, (2011), « Life events as precipitants of suicide attempts among first-time suicide attempters, repeaters, and non-attempters », *Psychiatry Res*, 186, 2-3, 300-305.

POMPILI M, (2004), « Suicidality in DSM IV cluster B personality disorders. An overview », *Ann Ist Super Sanita*, 40, 4, 475-483.

POULTON RG, (1992), « Personality as a cause of adverse life events », *Acta Psychiatr Scand*, 85, 1, 35-38.

PRETI A, (2007), « Suicide among animals : a review of evidence », *Psychol Rep*, 101, 3 Pt 1, 831-848.

QIN P, (2002), « Suicide risk in relation to family history of completed suicide and psychiatric disorders : a nested case-control study based on longitudinal registers », *Lancet*, 360, 9340, 1126-1130.

RADTCHENKO A, (2007), *Neuropslasticité et depression : atats des lieux, Neuronale n°31*.

RADTKE KM, (2011), « Transgenerational impact of intimate partner violence on methylation in the promoter of the glucocorticoid receptor », *Transl Psychiatry*, 1, e21.

RAMEAU L, (2011), « Accueillants éducatifs de la petite enfance », Rapport-commission Jacques Attali, Pour la croissance.

RANGEL A, (2008), « A framework for studying the neurobiology of value-based decision making », *Nat Rev Neurosci*, 9, 7, 545-556.

RAPPORT ALBRAND, *la prévention du suicide en milieu carcéral, rapport au garde des sceaux*, janvier 2009.

RAPPORT TERRA, *Evaluation des actions mises en place, propositions pour developper un programme complet de prévention, rapport thématique, publication ministère de la justice*, décembre 2003.

RAZUM O, (2004), « Suicide mortality among Turks in Germany », *Nervenarzt*, 75, 11, 1092-1098.

RECUPERO PR, (2006), « Characteristics of e-therapy web sites », *J Clin Psychiatry*, 67, 9, 1435-1440.

REININGHAUS U, (2010), « Ethnic identity, perceptions of disadvantage, and psychosis : findings from the AESOP study », *Schizophr Res*, 124, 1-3, 43-48.

REISCH T, (2010), « An fMRI study on mental pain and suicidal behavior », *J Affect Disord*, 126, 1-2, 321-325.

RICH CL, (1988), « San Diego Suicide Study. III. Relationships between diagnoses and stressors », *Arch Gen Psychiatry*, 45, 6, 589-592.

RICHARD-DEVANTOY S, (2012), « Deficit of cognitive inhibition in depressed elderly : a neurocognitive marker of suicidal risk », *J Affect Disord*, 140, 2, 193-199.

RIHMER Z, (1995), « Depression and suicide on Gotland. An intensive study of all suicides before and after a depression-training programme for general practitioners », *J Affect Disord*, 35, 4, 147-152.

RIORDAN DV, (2006), « Perinatal circumstances and risk of offspring suicide. Birth cohort study », *Br J Psychiatry*, 189, 502-507.

ROBBINS TW, (2012), « Neurocognitive endophenotypes of impulsivity and compulsivity : towards dimensional psychiatry », *Trends Cogn Sci*, 16, 1, 81-91.

ROBERT P, (2009), *La Finlande : un modèle éducatif pour la France*, Paris, ESF.

ROBINS E, (1970), « Establishment of diagnostic validity in psychiatric illness : its application to schizophrenia », *Am J Psychiatry*, 126, 7, 983-987.

ROBINS LN, (1966), *Deviant children grown up : a sociological and psychiatric study of sociopathic personality*, Baltimore, Williams & Wilkins.

ROCK D, (2006), « Season-of-birth as a risk factor for the seasonality of suicidal behaviour », *Eur Arch Psychiatry Clin Neurosci*, 256, 2, 98-105.

ROGERS JR, (2001), « Rational suicide : An empirical investigation of counselor attitudes », *Journal of Counselling & Development*, 79, 365-372.

RONNINGSTAM EF, (1998), « Pathological narcissism and sudden suicide-related collapse », *Suicide Life Threat Behav*, 28, 3, 261-271.

ROTHSTEIN A, (1980), *The Narcissistic Pursuit of Perfection*, New York, International University Press.

ROUTLEY VH, (2012), « Work-related suicide in Victoria, Australia : a broad perspective », *Int J Inj Contr Saf Promot*, 19, 2, 131-134.

ROY A, (1986), « Cerebrospinal fluid monoamine and monoamine metabolite levels and the dexamethasone suppression test in depression. Relationship to life events », *Arch Gen Psychiatry*, 43, 4, 356-360.

ROY A, (2009), « Gene-environment interaction and suicidal behavior », *J Psychiatr Pract*, 15, 4, 282-288.

RUTZ W, (1989), « Frequency of suicide on Gotland after systematic postgraduate education of general practitioners », *Acta Psychiatr Scand*, 80, 2, 151-154.

SAAD G, (2007), « Suicide triggers as sex-specific threats in domains of evolutionary import : negative correlation between global male-to-female suicide ratios and average per capita gross national income », *Med Hypotheses*, 68, 3, 692-696.

SALIB E, (2006), « Effect of month of birth on the risk of suicide », *Br J Psychiatry*, 188, 416-422.

SARCHIAPONE M, (2009), « Childhood trauma as a correlative factor of suicidal behavior - via aggression traits. Similar results in an Italian and in a French sample », *Eur Psychiatry*, 24, 1, 57-62.

SCHELLING G, (2006), « Efficacy of hydrocortisone in preventing posttraumatic stress disorder following critical illness and major surgery », *Ann N Y Acad Sci*, 1071, 46-53.

SCHERNHAMMER E, (2005), « Taking their own lives – the high rate of physician suicide », *N Engl J Med*, 352, 24, 2473-2476.

SCHERNHAMMER ES, (2004), « Suicide rates among physicians : a quantitative and gender assessment (meta-analysis) », *Am J Psychiatry*, 161, 12, 2295-2302.

SCHRIER AC, (2001), « Point prevalence of schizophrenia in immigrant groups in Rotterdam : data from outpatient facilities », *Eur Psychiatry*, 16, 3, 162-166.

SEGAL DL, (2001), « Level of Knowledge About Suicide Facts and Myths Among Younger and Older Adults », *Clinical Gerontologist*, 2, 2, 71-80.

SEGUIN M, (2007), « Life trajectories and burden of adversity : mapping the developmental profiles of suicide mortality », *Psychol Med*, 37, 11, 1575-1583.

SEIVEWRIGHT N, (2000), « Longitudinal study of the influence of life events and personality status on diagnostic change in three neurotic disorders », *Depress Anxiety*, 11, 3, 105-113.

SELTEN JP, (2001), « Incidence of psychotic disorders in immigrant groups to The Netherlands », *Br J Psychiatry*, 178, 367-372.

SESMAT, www.presst-next.fr

SHANAFELT TD, (2002), « Burnout and self-reported patient care in an internal medicine residency program », *Ann Intern Med*, 136, 5, 358-367.

SHARPLEY M, (2001), « Understanding the excess of psychosis among the African-Caribbean population in England. Review of current hypotheses », *Br J Psychiatry Suppl*, 40, s60-68.

SHAW J, (2004), « Suicide by prisoners. National clinical survey », *Br J Psychiatry*, 184, 263-267.

SHER L, (1999), « On the role of neurobiological and genetic factors in the etiology and pathogenesis of suicidal behavior among immigrants », *Med Hypotheses*, 53, 2, 110-111.

SHER L, (2006), « Alcoholism and suicidal behavior : a clinical overview », *Acta Psychiatr Scand*, 113, 1, 13-22.

SHER L, (2009), « Effect of acute alcohol use on the lethality of suicide attempts in patients with mood disorders », *J Psychiatr Res*, 43, 10, 901-905.

SHNEIDMAN ES, (1993), « Suicide as psychache », *J Nerv Ment Dis*, 181, 3, 145-147.

SHNEIDMAN ES, (1998), *The suicidal mind*, Oxford, Oxford University Press.

SIEGEL DJ, (2004), *Parenting from the inside out*, New York, Tarcher.

SINGH GK, (2001), « All-cause and cause-specific mortality of immigrants and native born in the United States », *Am J Public Health*, 91, 3, 392-399.

SMITH TB, (2003), « Religiousness and depression : evidence for a main effect and the moderating influence of stressful life events », *Psychol Bull*, 129, 4, 614-636.

SOLOFF PH, (2002), « Childhood abuse as a risk factor for suicidal behavior in borderline personality disorder », *J Pers Disord*, 16, 3, 201-214.

SONI RALEIGH V, (1992), « Suicide and self-burning among Indians and West Indians in England and Wales », *Br J Psychiatry*, 161, 365-368.

SORJONEN K, (2004-2005), « Attitudes toward suicide as a function of the victim's physical status », *OMEGA*, 50, 1, 35-42.

SPITZER M, (2007), « The neural signature of social norm compliance », *Neuron*, 56, 1, 185-196.

STEAD M, (2008), « Providing evidence for social marketing's effectiveness », *in Social marketing and public health*, French J. et al, Oxford, Oxford University Press, 81-96.

STEIN MB, (2007), « Pharmacotherapy to prevent PTSD : Results from a randomized controlled proof-of-concept trial in physically injured patients », *J Trauma Stress*, 20, 6, 923-932.

STENGEL E, (1962), « Recent research into suicide and attempted suicide », *Am J Psychiatry*, 118, 725-727.

STRACHAN J, (1990), « Canadian suicide mortality rates : first-generation immigrants versus Canadian-born », *Health Rep*, 2, 4, 327-341.

STUCKLER D, (2009), « The public health effect of economic crises and alternative policy responses in Europe : an empirical analysis », *Lancet*, 374, 9686, 315-323.

STUCKLER D, (2011), « Effects of the 2008 recession on health : a first look at European data », *Lancet*, 378, 9786, 124-125.

SUOMI S, (1999), « Attachment in rhesus monkeys », *in Handbook of Attachment, et al,* New York, The Guilford press, 185-186.

SUOMINEN K, (2004), « Completed suicide after a suicide attempt : a 37-year follow-up study », *Am J Psychiatry*, 161, 3, 562-563.

SZANTO K, (2007), « A suicide prevention program in a region with a very high suicide rate », *Arch Gen Psychiatry*, 64, 8, 914-920.

TANAKA M, (2011), « An evolutionary hypothesis of suicide : why it could be biologically adaptive and is so prevalent in certain occupations », *Psychol Rep*, 108, 3, 977-992.

THOMAS NK, (2004), « Resident burnout », *JAMA*, 292, 23, 2880-2889.

TIDEMALM D, (2011), « Familial clustering of suicide risk : a total population study of 11.4 million individuals », *Psychol Med*, 1-8.

TONDO L, (2000), « Reduced suicide risk during lithium maintenance treatment », *J Clin Psychiatry*, 61 Suppl 9, 97-104.

TORRES WJ, (2010), « Humiliation : its nature and consequences », *J Am Acad Psychiatry Law*, 38, 2, 195-204.

TROISTER T, (2009), *A prospective study of psychache and its relationship to suicidality,* department of Psychology, Queen's University, 103.

TRONICK EZ, (1989), « Infant-mother face-to-face interaction : age and gender differences in coordination and the occurrence of miscoordination », *Child Dev*, 60, 1, 85-92.

TRUCHOT D, (2002), *Le burnout des médecins libéraux de Champagne-*

Ardennes. *Rapport de recherche pour l'Union Régionale des Médecins Libéraux de Champagne-Ardennes*.

TURECKI G, (2012), « The neurodevelopmental origins of suicidal behavior », *Trends Neurosci*, 35, 1, 14-23.

TYANO S, (2006), « Plasma serotonin levels and suicidal behavior in adolescents », *Eur Neuropsychopharmacol*, 16, 1, 49-57.

TYRKA AR, (2012), « Childhood adversity and epigenetic modulation of the leukocyte glucocorticoid receptor : preliminary findings in healthy adults », *PLoS One*, 7, 1, e30148.

TYSSEN R, (2002), « Mental health problems among young doctors : an updated review of prospective studies », *Harv Rev Psychiatry*, 10, 3, 154-165.

ULCICKAS YOOD M, (2010), « Epidemiologic study of aripiprazole use and the incidence of suicide events », *Pharmacoepidemiol Drug Saf*, 19, 11, 1124-1130.

VAIVA G, (2011a), « ALGOS : the development of a randomized controlled trial testing a case management algorithm designed to reduce suicide risk among suicide attempters », *BMC Psychiatry*, 11, 1.

VAIVA G, (2011b), « [Telephone calls for suicide attempt to the French emergency call center SAMU/Centre 15 : a quantitative indicator of suicidal morbidity in a given health territory at a given period?] », *Presse Med*, 40, 7-8, 770-772.

VAIVA G, (2003), « Immediate treatment with propranolol decreases posttraumatic stress disorder two months after trauma », *Biol Psychiatry*, 54, 9, 947-949.

VAIVA G, (2006), « Effect of telephone contact on further suicide attempts in patients discharged from an emergency department : randomised controlled study », *BMJ*, 332, 7552, 1241-1245.

VALENTE S, (2004), « Barriers to suicide risk management in clinical practice : a national survey of oncology nurses », *Issues Ment Health Nurs*, 25, 6, 629-648.

VALENTE SM, (1994), « Messages of psychiatric patients who attempted or committed suicide », *Clin Nurs Res*, 3, 4, 316-333.

VAN HEERINGEN K, (2010), « The functional neuroanatomy of mental pain in depression », *Psychiatry Res*, 181, 2, 141-144.

VELING W, (2007), « Symptoms at first contact for psychotic disorder : comparison between native Dutch and ethnic minorities », *Schizophr Res*, 95, 1-3, 30-38.

WALTER M, (2004), Évaluation à un an de la prise en charge de la crise suicidaire, Séminaire de Psychiatrie Biologique.

WANG WL, (1995), « Home healthcare nurses' knowledge and attitudes towards suicide », *Home Healthc Nurse*, 13, 5, 64-69.

WARSHAW MG, (1993), « Quality of life and dissociation in anxiety disorder patients with histories of trauma or PTSD », *Am J Psychiatry*, 150, 10, 1512-1516.

WEAVER IC, (2004), « Epigenetic programming by maternal behavior », *Nat Neurosci*, 7, 8, 847-854.

WEAVER IC, (2007), « The transcription factor nerve growth factor-inducible protein a mediates epigenetic programming : altering epigenetic marks by immediate-early genes », *J Neurosci*, 27, 7, 1756-1768.

WERTH JL, (1994), « Psychotherapists' attitudes toward suicide », *Psychotherapy*, 31, 3, 440-448.

WESTRIN A, (2003a), « The dexamethasone suppression test and CSF-5-HIAA in relation to suicidality and depression in suicide attempters », *Eur Psychiatry*, 18, 4, 166-171.

WESTRIN A, (2003b), « The dexamethasone suppression test and DSM-III-R diagnoses in suicide attempters », *Eur Psychiatry*, 18, 7, 350-355.

WHILE D, (2012), « Implementation of mental health service recommendations in England and Wales and suicide rates, 1997-2006 : a cross-sectional and before-and-after observational study », *Lancet*, 379, 9820, 1005-1012.

WILLIAMS KD, (2007), « Ostracism », *Annu Rev Psychol*, 58, 425-452.

WILLIAMS KD, (2006), « Cyberball : a program for use in research on interpersonal ostracism and acceptance », *Behav Res Methods*, 38, 1, 174-180.

WOODRUFF RA, JR., (1971), « Unipolar and bipolar primary affective disorder », *Br J Psychiatry*, 119, 548, 33-38.

WOON FL, (2010), « Hippocampal volume deficits associated with exposure to psychological trauma and post-traumatic stress disorder in adults : a meta-analysis », *Prog Neuropsychopharmacol Biol Psychiatry*, 34, 7, 1181-1188.

YEN S, (2005), « Recent life events preceding suicide attempts in a personality disorder sample : findings from the collaborative longitudinal personality disorders study », *J Consult Clin Psychol*, 73, 1, 99-105.

YEREVANIAN BI, (2004), « The dexamethasone suppression test as a predictor of suicidal behavior in unipolar depression », *J Affect Disord*, 83, 2-3, 103-108.

YEREVANIAN BI, (2007), « Bipolar pharmacotherapy and suicidal behavior Part 3 : impact of antipsychotics », *J Affect Disord*, 103, 1-3, 23-28.

YEREVANIAN BI, (1983), « Normalization of the dexamethasone suppression test at discharge from hospital. Its prognostic value », *J Affect Disord*, 5, 3, 191-197.

YEUNG A, (2009), « Feasibility and effectiveness of telepsychiatry services for chinese immigrants in a nursing home », *Telemed J E Health*, 15, 4, 336-341.

YOUNG EA, (2005), « Suicide and the hypothalamic-pituitary-adrenal axis », *Lancet*, 366, 9490, 959-961.

ZALSMAN G, (2012), « Genetics of Suicidal Behavior in Children and Adolescents », *in The neurobiological basis of suicide, et al*, CRC Press.

ZAOUCHE-GAUDON C, (2000), *Les conditions de vie défavorisées influencent-elles sur le développement des jeunes enfants*, Erès.

ZOHAR J, (2011), « High dose hydrocortisone immediately after trauma may alter the trajectory of PTSD : interplay between clinical and animal studies », *Eur Neuropsychopharmacol*, 21, 11, 796-809.

ZOLKOWSKA K, (2001), « Increased rates of psychosis among immigrants to Sweden : is migration a risk factor for psychosis ? », *Psychol Med*, 31, 4, 669-678.

图书在版编目(CIP)数据

危机干预：理解与行动 /（法）菲利普·库尔泰（Philippe Courtet）等著；王丽云译. —上海：上海社会科学院出版社，2020
 ISBN 978 - 7 - 5520 - 2659 - 7

Ⅰ.①危… Ⅱ.①菲… ②王… Ⅲ.①自杀—心理—研究 Ⅳ.①B846

中国版本图书馆 CIP 数据核字（2020）第 133932 号

Originally published in France as:
Suicide et environnement social, by Philippe Courtet et al.
© DUNOD Editeur, Paris, 2013
Simplified Chinese language translation rights arranged through Divas International，Paris 巴黎迪法国际版权代理（www.divas-books.com）

上海市版权局著作权合同登记号：图字 09 - 2014 - 050 号

危机干预：理解与行动

著　　者：（法）菲利普·库尔泰　等
译　　者：王丽云
责任编辑：赵秋蕙
封面设计：黄婧昉
出版发行：上海社会科学院出版社
　　　　　上海顺昌路 622 号　邮编 200025
　　　　　电话总机 021 - 63315947　销售热线 021 - 53063735
　　　　　http://www.sassp.cn　E-mail：sassp@sassp.cn
排　　版：南京展望文化发展有限公司
印　　刷：上海颛辉印刷厂
开　　本：890 毫米×1240 毫米　1/32
印　　张：6.75
字　　数：145 千字
版　　次：2020 年 7 月第 1 版　2020 年 7 月第 1 次印刷

ISBN 978 - 7 - 5520 - 2659 - 7/B·284　　　定价：45.00 元

版权所有　翻印必究